情绪自控力

曾杰◎著

江西人民出版社
Jiangxi People's Publishing House
全国百佳出版社

图书在版编目（CIP）数据

情绪自控力 / 曾杰著. -- 南昌：江西人民出版社，
2017.10
ISBN 978-7-210-09836-2

Ⅰ. ①情… Ⅱ. ①曾… Ⅲ. ①情绪—自我控制 Ⅳ.
①B842.6

中国版本图书馆CIP数据核字(2017)第256707号

情绪自控力

曾杰 / 著

责任编辑 / 冯雪松

出版发行 / 江西人民出版社

印刷 / 大厂回族自治县彩虹印刷有限公司

版次 / 2017年10月第1版

2017年10月第1次印刷

710毫米×1000毫米　1/16　14印张

字数 / 213千字

ISBN 978-7-210-09836-2

定价 / 39.80元

赣版权登字-01-2017-817

如有质量问题，请寄回印厂调换。联系电话:0316-8863998

不识人生真面目，只缘心迷情绪中

20世纪60年代，美国有一位大学校长决定竞选美国中西部某州的议会议员。他是一个非常有才华的人，既精明能干，又博学多识，很有希望赢得选举。

可是，就在这个时候，一个谣言却四散开来——3年前，在一次教学大会上，他曾与一位年轻漂亮的女教师有暧昧行为。

明眼人一看便知，这肯定是竞争对手感受到来自他的压力，怕在竞选中落选而故意释放的虚假信息。可是，他无法控制自己的情绪，对此非常愤怒。由于无法控制这一恶毒谣言的怒火，他每次参加集会都要站出来澄清事实，竭力证明自己的清白。

实际上，当时听到这个谣言的人并不算太多，即使听到这一谣言的人也会质疑它的真实性。可是，这位校长却似乎不能接受别人抹黑自己，他对此表现出极大的愤怒。只要有人提及这则谣言时，他就会表现得情绪失控，极力为自己辩白。他的表现反而让这则谣言更像是真的，以至于越来越多的人开始注意到这一桃色新闻，甚至他的太太都开始相信这则新闻的真实性了。

最终，他中了竞争对手的诡计，在选举中败北，并且从此一蹶不振。

这位大学校长的才干足以支持他成功当选议会议员，可是为什么最后落得个悲惨的结局呢？竞争对手的从中作梗固然是其中一部分原因，但是究其根本原因，在于他的情绪自控力太差。

情绪自控力差的人，生活中的一点小挫折就可能将他打败，将他从光明的坦途拉进黑暗的深渊。由于情绪自控力差，这类人常常脾气暴躁，导致理智被情绪遮蔽，任由愤怒左右他做出后悔莫及的事情。

在生活中有很多偶然的事情发生，有些是好事，有些是坏事。但是，好事未必会带来好的结果，坏事也未必会导致坏的结局。很多人遇到不利的情况时，总是条件反射般地往坏的地方想。结果，当不利的局面发生后，他们会认为那是自己的命，是一种必然。相反，那些能够扭转劣势，最后取得圆满结果的人，通常不会觉得自己命中注定会成功，而是知道那只不过是自己努力的结果。

在日常生活中，很多人都会有这样的感觉：当自己心情愉悦时，感觉世间万物都是美好的；当自己心情低落时，感觉做什么事情都没有意义。情绪一旦左右了人的思维，就会让人们对这个世界、整个人生产生一种极端的认识。这种认识源于情绪，进而左右自己的行为，到最后又会反作用于情绪。所以，如果不控制自己的情绪，人们就会陷入一种诸如"坏情绪—得罪人—办坏事—情绪更坏"的恶性循环中。

人的一生会经历很多情绪，其中有充满正能量的，也有比较中性的，当然，更多的是负面情绪。我们控制情绪，并不是让所有的情绪都变成正能量，一来这不现实，二来也没有必要。事实上，丰富的情绪才代表了完整意义上的人生。所以，情绪缺失反而是人生中的一大遗憾。我们控制情绪的目的在于，不要让自己的心迷失在情绪中。因为一旦那样，即便是一些正能量的情绪，也会带来诸如"得意忘形"的结果，而一些负面的情绪，甚至直接就会置人于死地。

对于每一个人来说，在日常工作和生活中，学会控制自己的情绪是一项不可或缺的本领。拥有这项本领的人，往往理智占主导地位，遇事能放眼全局，考虑问题较为全面，所以做出的决定往往是正确的；没有这项本领的人，往往情绪占主导地位，遇事只关注某一个利益点，考虑问题较为片面，所以做出的决定往往是错误的。所以，我们每一个人都应该控制自己的情绪，遇事时让理智占上风，而不是被情绪牵着鼻子走。

古人有云："尽信书则不如无书。"所以，读者在从本书中汲取养料的同时，还应该坚守自己固有的、论据更充分的立场。唯有这样，本书的内容才会与读者已有的知识融会贯通。

目录 CONTENTS

第五章 摒弃完美主义，不做心理上的"极端分子"

第六章 战胜无为主义，跳出低迷情绪的泥潭

第七章　激活阳光心态的6个绝佳技巧

第八章　规避阴暗情绪的8种方法

后记

第一章

▼

你真的了解自己的
情绪吗

▲

不了解情绪，何谈控制情绪

有人说情绪是人的心理活动的外在体现，是一种既能够促使人长期保持快乐，也能够在瞬间让人变得焦躁的神秘力量；也有人说情绪是一种规范性构成要素，虽然不能精确地阐述，但是每个人都可以了解；更有人说，情绪不外乎七情六欲。那么，情绪到底是什么？

根据《不列颠百科全书》的解释，情绪是一种极为复杂的心理现象组合。情绪包含三个基本成分：主观感受、行为表达、神经生化机制。虽然现在还没有一个简洁明了的情绪定义，但心理学家们大都同意：情绪应该包括行为者对自己所处环境的意识、机体反应和行为进退。

鉴于从学术角度解读情绪相对枯燥，也并非每个人都能够理解，所以我们不妨回归日常生活，从日常生活中来理解它。当你表现出众却不被认可的时候，会感到委屈；当你被人误解的时候，会感动愤怒；当你与家人或朋友闹矛盾的时候，会伤心失落……其实，这种种发生在你身上的感觉、反应就是情绪的表现。情绪如此普遍，以至于有时候我们甚至感觉不到它们的存在。可以说，情绪就像影子一样，陪伴人的一生。

人为什么会有情绪

任何事物的产生和发展都是有原因的，情绪自然也不例外。情绪是人对于客观事物是否符合自身发展需要的主观反应，它反映着客观事物与人的主观需求之间的关系。可以说，人的一切情绪都是由客观事物引起的主观反应。我们这里所说的客观事物通常是指人所生活的周边环境。环境对人的影响是巨大的：生活在积极向上环境里的人，总会表现得轻松愉悦；生活在消极散漫环境里的人，难免会浮躁焦虑。所谓"近朱者赤近墨者黑"，正是这个道理的最佳诠释。

当然，强调环境对于人们产生情绪的重要性并不意味着它是影响人们情绪的唯一原因。事实上，影响个人情绪的因素除了环境之外，还有个人因素。一个人的性格、处世态度等因素对一个人情绪的产生有着极大的影响力。这也可以解释，为什么面对同样的困境，有些人可以安之若素，有些人却寝食难安。通常情况下，良好的心境可以催生正面的情绪，而恶劣的心境则会衍生负面的情绪。所以，从理论上讲，我们可以通过提升内在素养来克服外在环境的弊端，从而达到控制情绪的目的。

我们究竟有多少情绪

说到情绪，很多人脑子里首先出现的便是"喜""怒""哀""乐"这几种基本情绪，并且很不以为然地觉得情绪也不过如此。那么，真实情况如何呢？我们不妨借助心理学家罗伯特·普拉奇克仿照原色轮创造的情绪圈看看我们究竟有多少种情绪。普拉奇克指出了8种基本的情绪，包括高兴、愤怒、期望、惊讶、悲伤、恐惧、厌恶和信任。不过，在这8种基本情绪的周围又有很多不同的变化。

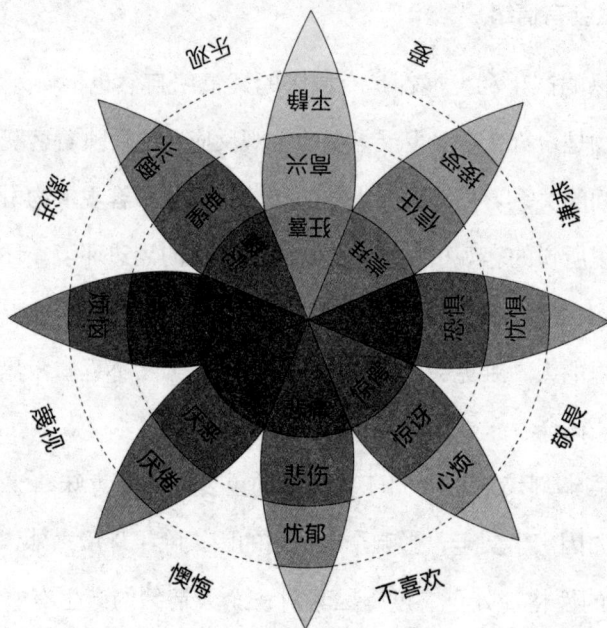

普拉奇克的情绪色轮

按照普拉奇克的分法，人类至少有32种情绪。虽然也有过诸如人类有500~800种情绪的说法，但是目前大多数学者同意人类的基本情绪有4~10种，获得最广泛认同的是生气、伤心、恐惧、厌恶、高兴和惊喜。

情绪会对人产生什么样的影响

说到健康，我们传统的观念是"无病即健康"。不过，按照世界卫生组织提出的新标准，健康不仅是躯体没有疾病，还要心理健康、社会适应良好和有道德。也就是说，健康不仅要生理表现正常，还要心理表现正常。情绪本身是心理的一部分，虽然不能说有负面情绪就代表这个人不健康，但是当负面情绪超过一定的限度后，就可以被认定为不健康。另外，心理健康与生理健康并非孤立的两部分，而是互相影响的。也就是说，情绪不仅影响人的心理，还影响人的生理。下面这个故事就是一个很好的说明。

有两个患了同一种疾病的病人去医院就诊，医生诊断后发现，甲的症状轻微，乙的症状相对严重。经过一段时间的住院治疗后，甲基本上已经康复，而乙却没有任何好转，所以医生建议他回家疗养。

巧合的是，甲和乙在同一天出院，不巧的是，因为工作人员的疏忽，两人的病情通知被弄颠倒了。结果，病情已经康复的甲收到了病情恶化的通知，而病情没有任何好转的乙却收到了病情已经痊愈的通知。拿到通知后，甲的心情一下子紧张起来，猜测住院的这段时间医生肯定是隐瞒了自己的病情，并断定自己的病没有痊愈的希望了。带着这种忧虑重重的心情，回到家的甲整日茶饭不思，没过多久，因为病情恶化住进了医院。相反，那位原本病情没有好转的乙，却在拿到病情痊愈通知的那一刻，心情顿时爽朗起来。回家后，他像换了个人似的，以一种全新的生活态度对待每一天。一段时间后，他去医院复查，结果竟然痊愈了。

之所以会出现这样的结果，完全是因为人的情绪使然。虽然不能说情绪是治疗疾病的灵丹妙药，但它对病人病情的影响，已经在国际社会得到公认。或许正因为如此，有的心理学家把情绪称作"生命的指挥棒""健康的寒暑表"。

　　2400年前，古希腊哲学家提出"认识你自己"的口号。之所以要认识自己，是因为唯有认识了自己，才能成为更好的自己。对待情绪，我们也应该采取相同的策略。所以，从现在开始，了解你的情绪，只有这样，你才能控制好自己的情绪。

情绪如四季，也有自己的周期

我们都知道春、夏、秋、冬四季会周期性地轮回，事实上，情绪也会像四季一样，有自己的周期。当然，情绪周期不像四季轮回那样明显，但是当你回忆自己过去一段时间的情绪变化时会发现，情绪周期确确实实存在。所谓"情绪周期"，就是一个人情绪的高潮和低谷交替所经历的时间。它反映人体内部的周期性张弛规律，也被称为"情绪生物节律"。

情绪周期因人而异

情绪周期虽然是与生俱来的，但具体到每个人，其心理异常情况则会各不相同：有些人的低谷期会长一些，有些人的高潮期会长一些。处于低谷期时，人们情绪普遍低落，很容易烦躁，而且喜怒无常；处于高潮期时，人们的心情愉悦，感情相对丰富。那么，为什么会有这样的不同呢？

首先，我们生活在社会这个大熔炉中，难免会遇到难缠的人、难解的事。此时，各种负面情绪的产生也很自然。当然，有些微不足道的负面情绪很容易就被自己用思维内化或者通过别的方式排解。但是，当负面情绪累积到一定程度时，人的心理负担就会加大，通常的思维或渠道已经无法消除它们。如果此时再发生一些突如其来的事件，心理波动就会更大，很多心态不好的人甚至有崩溃的风险。

当人们有了某种痛苦的体验时，有关这种痛苦体验的感受就会储存在人的大脑中。下次再遇到类似的境遇时，人们自然不愿意面对。虽然我们希望把这些痛苦的记忆忘掉，但往往会适得其反。一旦人的压力增大，或者心理波动幅度较大时，各种痛苦的记忆就会像从潘多拉魔盒里面飞出来的各种邪恶力量一样，滋扰人们的正常情绪，甚至吞噬很多积极情绪。

其次，环境也会对人的情绪产生直观的影响。比如当遭遇雾霾天的时候，人们的心情普遍会比较糟糕；当晴空万里、阳光明媚时，人们的心情普遍会比较爽朗。其实，如今越来越普遍的旅游就证明了这一点。人们工作了一段时间后，会身心疲惫，此时如果能够到一个陌生的地方徒步旅行，散散心，就有助于调节情绪。

人的情绪之所以会因人而异，是因为我们每天会面对不同的人，处理不同的事，以及身在不同的环境之中。这既是情绪周期的原因，也是调节情绪的路标。

情绪周期男女有别

情绪不仅仅表现出因人而异的特征，还会表现出因"性别"而异的特征。通常情况下，一个人的情绪周期在一个月左右，前半段时间为高潮期，后半段时间为低谷期。说到这里，很多人会觉得情绪周期有点类似于女性的月经。事实上，这种关联是有科学依据的。女性在行经前一周左右以及月经期间，因为体内荷尔蒙的变化，身体会表现出诸如疲倦、肚子疼、便秘等不舒服的症状，情绪也会因此而发生变化。很多男性通常不理解女友身上那种周期性的情绪变化，其实问题就出在这里：他们不清楚月经与情绪变化之间的联系。

鉴于女性情绪与生理周期的密切关系，所以辨别起来也相对容易。然而，很多人却忽略了男性的情绪周期。这和男女之间在面对情绪时的不同表现有关。女性的烦躁或者不耐心可以表现出来，并很容易得到谅解，而男性通常会采取压抑负面情绪的做法。之所以会出现这种状况，一方面是因为性别差异，另一方面则是因为受到的情感教育不同。

童年时期，女孩的语言组织能力往往比男孩发展得快。这导致的一个直接结果就是，当他们处于愤怒情绪时，男孩往往会用拳头解决问题，而女孩则更多地用语言表达。另外，父母在教育孩子的时候，通常都会要求男孩有阳刚之气，遇事多忍让，而教育女孩的时候，通常会往温柔、宽容等方面侧重。教育的重点不同，导致男女在遇事时的行事风格也有差异，具体表现就是，女性大多表露情绪，而男性大多压抑情绪。

有人将男性的情绪周期比喻为橡皮筋：把它拉长，一松手，又会弹回来。这个比喻其实就非常恰当地说明了男性情绪周期的特点，即亲密—疏远—亲密。男性情绪周期最直观的表现是：恋爱期间，对自己的女友嘘寒问暖；一段时间后，突然没有耐心，甚至有点烦躁；又过了一段时间后，像是做错事的孩子一样，又会对女孩情谊浓浓，似乎想借此来弥补自己前段时间的疏远。

虽然男性的情绪周期不明显，但通过一些方法，我们还是能找到的，比如下面这个表格日志：

强度 / 项目	强	较强	中等	较弱	几乎没有
记忆力如何					
反应是否迟钝					
食欲怎样					
是否对自己一直坚持的某个习惯失去兴趣					
很容易发怒					
冷落了亲人					
不想见朋友，或者想一个人独处					
说话颠三倒四，没有逻辑					
很容易失眠、犯困					
喜欢抱怨					

　　每天睡觉前，像记日记一样在这个表格里快速地把自己一天的状态做个评估。坚持3个月后，就可以总结出自己的"情绪周期"。

　　虽然情绪周期不可避免，但是认识到情绪周期的存在，会帮助我们规避生活中的很多误会，特别是情侣、家人、朋友之间的误会。另外，当你知道了自己的情绪会在何时处于低谷，何时处于高潮时，也可以按照自己的情绪安排自己的工作。情绪高潮期，可以适当安排一些困难的工作，因为此时的你是乐于接受挑战的；在情绪低谷期，尽量安排一些简单的工作，因为此时的你认知水平和办事能力都会较为低下。必要的时候，也可以在低谷期给自己放两天假，让身心来一个较为彻底的放松。这样，就相当于你选择了一种巧妙度过低谷期的好办法。

情绪会传染，严防"踢猫效应"

在心理学中，有一个表述人与人之间泄愤连锁反应的专有名词，叫"踢猫效应"。当然，这里面还有一个故事。

有位父亲在公司受到了上司的批评，回到家把在沙发上跳来跳去的孩子臭骂了一顿。孩子心里窝火，狠狠去踹身边打滚的猫。猫逃到街上，这时正好一辆卡车开过来，司机赶紧避让，却把路边的行人撞伤了，而这个行人就是孩子父亲的上司。

泄愤只是情绪的一种表达，事实上，人还有很多其他的情绪，比如兴奋、沮丧、忧虑等。美国心理学家加利·斯梅尔经过长期的研究发现，原本开朗的人，若同一个整天愁眉不展的人相处，不久之后也会变得情绪低迷。另外，一个人的同情心和敏感性越强，他染上坏情绪的概率就会越大，而且通常都是在不知不觉中感染的。美国的另外一位心理学教授通过研究证明，只需要20分钟，一个人就能受到他人低落情绪的传染。

　　不管是正面情绪，还是负面情绪，都会通过不同的媒介传染。特别是一些诸如不满之类的负面情绪，其传染起来还颇具规律性，表现之一就是随着社会关系链条依次传递，由地位高的传向地位低的，由强者传向弱者，最弱小者由于无处发泄便成了最终的牺牲品。所以，不管你是位高权重的政治家，还是管理大型集团的企业家，都要掌控好自己的情绪，因为你可能不仅影响自己的直系下属，还有可能影响下属的下属，下属的亲朋好友等。在这一方面，屡屡被各大媒体评为"最伟大总统"的林肯堪称典范。

　　1863年6月，葛底斯堡战役进入第3天，南方将军罗伯特·李率军向南撤退。当他们抵达波托马克时，一条河流横在前面，加上遭遇暴雨，河水猛涨，军队根本无法过去。对于北方联军而言，这是一举歼灭他们的良机，而且米德将军率领的联军就在罗伯特·李身后不远。怀着这样的期待，林肯给米德将军下了一道命令，要求他事先不要召集军事会议，直接向罗伯特·李发动进攻，以免贻误战机。电报发出的同时，林肯还给米德写了一封手令，要他立即行动。

　　对于林肯而言，一切看起来都那么顺畅，他甚至想着旷日持久的内战会因此而结束。不过，让林肯没想到的是，米德将军并没有按照他的意思行事。相反，他不仅召开了军事会议，还在犹豫、观望后寻找各种理由向林肯发电报解释。结果，雨停了，河水也退了，罗伯特·李的军队过河而去。

　　消息传到林肯耳中后，他简直气疯了，对坐在旁边的儿子怒吼道："我的天啊！这究竟是怎么一回事？究竟是什么意思？在那样的情况下，任何一位将军都能把罗伯特·李干掉，要是我在那里，我自个儿就能把他狠狠揍一顿！"

失望之余，林肯坐下来，提笔给米德写了一封信，在信中对其进行了极为尖锐的指责。

那么，米德将军收到这封信会做何感想呢？事实上，他压根儿就没看到这封信，因为林肯根本就没有把这封信寄出去。后来，曾花了整整十年工夫去研究林肯一生的埃德温·斯坦东——也是林肯的陆军部长——这样猜想：

林肯把信写好后，抬头望向窗外，自言自语道："等等，或许是我有些操之过急。我只是坐在安静的白宫里，发一道进攻的命令，这很容易。要是我在葛底斯堡，目睹血肉横飞的惨状，耳闻士兵痛苦的呻吟，也许我也会暂缓进攻。一旦有了米德那样的胆怯心理，我也会重复他所做的一切。不管怎样，事情已经过去了，写这封信又有何用呢？我发泄了心中的怒气，但是米德呢？他肯定会为自己申辩，这势必激起他心中更加强烈的不满情绪，自然也会指责我的不是。"

这段话虽然是埃德温·斯坦东的猜测，但是确实很符合林肯的行事风格。林肯并非没有脾气，他只是擅长控制情绪，因为他深知负面情绪一旦"发送"，将会引发一系列恶性循环。

林肯虽然很生气，但他终究没有"踢猫"。事实证明，林肯的隐忍是充满智慧的，因为一个月后，米德指挥的北方联军打败了南方联军。当然，情绪的传染性给我们的启示绝不只是领导该如何约束自己的情绪，更重要的是，当受到不公的指责时，我们如何内化负面情绪，或者说，该如何避免让自己成为"踢猫的人"。另外，对于那些代表着正能量的情绪，人们也应该知道如何激发，又如何有意引导。

1930年是美国经济大萧条最严重的一年。当时，美国大约80%的旅馆都倒闭了，希尔顿旅馆更是欠下了一大笔债务。不过，老板康拉德·希尔顿只是把员工召集起来，说了这样一段话："目前正值旅馆亏空靠借债度日时期，我决定强渡难关。一旦美国经济恐慌时期过去，我们希尔顿旅馆很快就能进入云开月出的局面。因此，我请各位记住，希尔顿的礼仪万万不能忘。无论旅馆本身遭遇的困难如何，希尔顿旅馆服务员脸上的微笑永远是属于顾客的。"

正是凭借这种"微笑服务"的企业文化，希尔顿旅馆挺过了经济大萧条，并在美国经济复苏后快速壮大起来。跨入经营的黄金时代后，希尔顿并没有放松对员工"微笑服务"的教导，而且还时长说："如果旅馆里只有第一流的设备而没有第一流服务员的微笑，那些旅客会认为我们供应了他们全部最喜欢的东西吗？如果缺少服务员的美好微笑，就好比花园里失去了春天的太阳和春风。假如我是旅客，我宁愿住进只有残旧地毯，却处处见到微笑的旅馆，也不愿走进只有一流设备而不见微笑的地方……"

当希尔顿坐专机来到某一国境内的希尔顿旅馆视察时，服务人员就会立即想到一件事，那就是他们的老板可能随时会来到自己面前再问那句名言："你今天对客人微笑了没有？"

康拉德·希尔顿或许并不懂"踢猫效应"之类的心理学术语，但他把这种效应的反面发挥到了极致。传递积极情绪的微笑，可以让一个连锁酒店渡过难关，并走向辉煌。对于人而言，它的意义会更大，更持久。古人云"克己复礼"。克己，就是遇事从容，能理智控制好自己的情绪；与人为善，给周边疲倦的心灵以慰藉与鼓励。在竞争日益白热化的今天，时时保持豁达的姿态固然很难，但在压力下还能保持风度，就意味着克服了自己心理上的弱点，意味着人格魅力的提升。人们常说"流言止于智者"，事实上，在负面情绪面前，我们也要力争做一个不被其染，也不让其传的智者。当然，能够积极传递正面情绪的人，不仅是我们身边的智者，还是这个社会的天使。

情绪也有自己的"智力"

耶鲁大学心理学教授萨洛维这样说过："我们的情绪也有智力，它是指个体监控自己及他人的情绪和情感，并识别、利用这些信息来指导自己的思想和行为的能力。"或者也可以这样说，我们的情绪本身就像是一个活着的"生命体"，可以理解和识别自己和他人的情绪状态，利用这些信息来调控自己的行为并解决相关的问题。关于情绪的智力，如果我们换个词来形容，大家会更有感觉，它就是EQ——情商。

1995年10月，美国心理学家、《纽约时报》专栏作家丹尼尔·戈尔曼所著的《情商：为什么情商比智商更重要》一经出版，立刻畅销全球。在这本书中，戈尔曼对情商进行了5个方面的概括，大致如下：

了解自我

对自己的情绪变化有较为清醒的认知，恼怒时能马上意识到自己的失态。

管理自我

这种管理自我的"智力"更多见于当坏心情不期而至时，能够快速冷静下来，甚至从另外的、积极的角度重新审视。比如在地铁上，有人踩了自己一脚，多数人的第一反应是恼怒或抱怨，并暗骂："这个人怎么这么鲁莽！"遵循这样的思维，只会让人越想越怒，甚至采取非理性的暴力行为。相反，善于管理自我的人，或者说情商高的人，通常会"重新审视"，并对自己说："可能有人推了他吧，他肯定也是无意的。况且我和他都不认识，他又有什么理由故意踩我呢？"

激励自我

所谓激励自我，就是能够依据活动的某种目标，调动、指挥情绪的能力。这种激励能够使人走出生命中的低潮，重新出发。善于自我激励的人，在前进时往往富有激情和目标，摔倒时也能够快速爬起来。

识别他人情绪

能够通过细微的社会信号，敏感地感受到他人的需求与欲望，也就是我们常说的"想人之所想，忧人之所忧"。识别他人情绪是与他人正常交往，实现顺利沟通的基础。

处理人际关系

处理人际关系是现代社会中每个个体生存、发展所必须的，而人际关系的建立则以感情交流为基础。那么，如何才能达到这种交流的目的呢？一方面是调控自己的情绪，另一方面是调控他人的情绪，也就是用技巧促使对方产生你所期待的反应。处理人际关系能力高超的人说服力强，适于从事组织领导工作。

情商是否可以像智商一样进行测试呢？答案是肯定的。目前可以通过两种方式来测试情商：一种是乐观测试，另一种是PONS测试。前者由心理学家马丁·塞利格曼设计，目的是了解个人的价值状况，判断一个人对于生活的乐观情绪是否占据主导地位；后者由罗伯特·罗森斯发明，目的是测试人们识别他人情绪的能力，同时还反映了人们对于坏情绪的规避能力以及对于乐观暗示的接受能力。特别是乐观测试，早在40年前就已经应用到一家保险公司。

当时美国一家保险公司雇用了5000余名推销员，并对他们进行了职业培训。虽然公司在每名推销员身上投入了将近3万美元的培训费用，但是结果却不如人意：1年后，一半的销售员辞职；4年后，剩下不到1/5。对于这种现象，保险公司负责人百思不得其解，后来便向当时在宾夕法尼亚大学任教的塞利格曼讨教。接受邀请后，塞利格曼对15000多名新员工进行了两次测试，一次是常规的智力测试，一次是塞利格曼自己设计的乐观程度的测试。之后，塞利格曼对这些新员工进行了跟踪研究。

在这批新员工里面，有一组没有通过智商测试，但在乐观测试里面取得了"超级乐观主义者"的成绩。跟踪研究的结果表明，这一组人在所有人中工作任务完成得最好。第一年，他们的销售业绩比"一般悲观主义者"高出21%；第二年，高出57%。

塞利格曼的乐观测试不但证明了情商可测，而且也证明了这种测试的科学性、实用性。

我们经常看到这样的人：受过高等教育，为人亲和，做事稳重。事实上，他们是智商与情商俱佳的典范，往往会在工作中游刃有余，并快速取得成功。相反，有些人虽然出身名牌大学，但愤世嫉俗、孤芳自赏，与周围的同事融不到一块。这样的人通常都高不成低不就，很可能一辈子碌碌无为，甚至走上歪道，毁于高智力犯罪。

那么，情商由哪些因素决定呢？

事实上，和智商一样，情商的形成和发展也有着先天的遗传因素和后天的环境因素。美国的心理学家艾克曼的研究表明，从未与外界有过接触的新几内亚人能够正确判断其他民族照片上的表情。这就说明，人类的基本表情通见于全人类，具有跨文化的一致性。不过，情感又有很大的文化差异，比如不同民族的情感表达方式有很大的差异。这也佐证了近代史研究中一个显而易见的事实：人的情感更容易受到社会环境的影响，人总是有着根深蒂固的从众心理。所以，与智商更多受益于遗传因素不同，情商更多受到社会环境的影响。

情商主要通过影响人的兴趣、意志、毅力等非理性因素，加强或弱化人们认识事物的驱动力。智商一般而情商高的人，虽然在学习效率上不如高智商者，但这并不代表他们的成绩会比高智商的人差，也不代表他们在踏入社会后比后者弱。事实上，高情商的人更懂得锲而不舍的精神，更加会调节自己的人际关系。情商与社会生活、人际关系、健康状况、婚姻状况等都有着密切的关系。与情商低的人相比，高情商的人通常较为乐观，有较为完满的婚姻家庭，也更容易成为各行各业的领导。

负面情绪似洪水，需要疏也需要堵

　　对于很多人而言，负面情绪像洪水一样，极具破坏力。这种情绪一旦发作，人就容易"心不由己"，做出许多莽撞的举动，从而产生一系列问题。如果我们希望拥有幸福的生活、和谐的人际关系，就不能任由负面情绪在自己身上发作。所以，控制负面情绪也就成了所有人的当务之急。当然，负面情绪既不会随着我们乐观的想象而消失，也不会因为我们强硬的干涉而后退。那么，该如何有效控制负面情绪呢？其实，控制负面情绪应该像治理洪水一样，遵循一定的规律和技巧。更确切地讲，就是采用"疏堵结合"的策略来控制情绪。

疏导负面情绪

所谓疏导负面情绪，就是疏通阻塞人心理状态的思维、想法，以促进人的身心健康。要想疏导情绪，就应该寻找一个可以引导负面情绪的通道，而建设这条通道的前提是寻找一个让自己平静下来的办法。要知道，情绪发作在生理上是有前兆的，比如血压升高，面红耳赤等。人的血液一旦升到大脑，人就容易发昏，失去理智，做出一些过激行为。比如爆粗口、说脏话等。因此，我们一旦觉察到情绪不对劲，就应该紧急踩住刹车，并寻找合适的办法让自己冷静下来。那么，该如何疏导负面情绪呢？我们不妨先看一个著名的心理实验——霍桑试验。

霍桑工厂是一个制造电话交换机的工厂，具有较完善的娱乐设施、医疗制度和养老金制度等，但工人们仍然愤愤不平，所以生产状况很不理想。为探求原因，1924年11月，美国国家研究委员会组织了一个由心理学家等多方面专家组成的研究小组，在该工厂开展一系列试验。试验研究的中心课题是生产效率与工作、物质条件之间的相互关系。这一系列试验研究中有个"谈话试验"，规定在谈话过程中，要耐心倾听工人对厂方的各种意见和不满，并做详细记录，对工人的不满意见不准反驳和训斥。

两年多的时间里，专家们找工人个别谈话两万余人次。结果，霍桑厂的工作效率大大提高。原来，工人们长期以来对工厂的各种管理制度和方法有诸多不满，无处发泄，"谈话试验"使他们这些不满都发泄了出来，从而感到心情舒畅，干劲倍增。社会心理学家将这种奇妙的现象称为"霍桑效应"，它表明：交谈、聆听、倾诉是疏导负面情绪的重要渠道。

　　对组织的管理者而言，这个实验具有重大的启迪意义。在工作中，几乎每一个人都不可避免地有一些负面情绪。企业管理者要时时重视员工的情绪，对那些未能实现的意愿和未能满足的情绪，切莫让员工压抑克制，而要千方百计地让它宣泄出来，让员工有话敢说，有话有地方说。

　　在日本，不少企业根据"霍桑效应"的原理，设立了"特种员工室"。"特种员工室"里陈设有经理、车间主管、班组长的人偶像及数根木棒，如果对某管理人员不满，可以棍打自己所憎恨的人的人偶像，以泄愤懑。也许管理者由于这样或那样的原因，开办所谓的"特种员工室"并不现实，但你也可以通过其他的方式，疏通企业内部上下的沟通渠道。比如，领导信箱、员工大会，让员工能够在领导面前畅所欲言、言无不尽。

　　霍桑实验虽然是针对工人的，但它所得出的结论是可以"共用"的。也就是说，不管我们是不是在工厂上班，也不管我们是什么身份，都可以通过诸如沟通交流、用木棍"殴打"等方式宣泄情绪。

堵住负面情绪

要想堵住负面情绪，最行之有效的办法就是划定恰当的心理界限。心理界限的作用就好比是防御洪水泛滥的河堤，能够对情绪的蔓延起到抑制作用。当你划定了恰当的心理界限后，对一些负面情绪也就能够多一份容忍，少一些慌乱。同时，划定了恰当的心理界限后，就能够避免"情绪按钮"发生作用，在交际场合也能够随心所欲地和人相处。

当然，心理界限并不是越低越好，这和防水堤坝不能修建得太高是一个道理。如果心理界限太低，就等于没有界限。这样一来，别人就会感觉你软弱、平庸，甚至还会嘲笑和凌辱你。这不但不会对你的人际关系有任何益处，还会让负面情绪越积越多，最终让你陷入崩溃的边缘。

好情绪可以通过练习获得

　　春山茂雄是日本著名的医学博士，在上个世纪末时写过一本名为《脑内革命》的著作。他书中的主要论点是，要求人们进行正思维训练。所谓正思维训练，就是在面对不愉快的事情时，可以从事情积极的一面进行思考。比如在公司被上司骂了一顿，人们通常的思维是抱怨上司不理解，或者猜测上司是不是想让自己卷铺盖走人。但是，按照春山茂雄的观点，我们应该这样想：上司是重视我的行为的，上司是信任我的精神修养和忍耐力的，要不然不会发那么大的火。事实上，正思维就是在进行情绪锻炼，而负思维是在摧残精神。

　　情绪锻炼并非纯精神性的，它也有物质性的一面。比如让脑内分泌有益于身心的荷尔蒙——内啡肽。这种内分泌物质可以帮助人们缓解痛苦，使人们心情舒畅，从而在整体上处于最佳的状态。其实，除了正思维之外，运动、吃辣也可以分泌内啡肽。但是，与养成正思维的习惯相比，运动、吃辣都是暂时性的情绪调节方法。更何况，思维可以不受时间、地点影响，随时都可以操作。话虽如此，正思维并不是不经过训练就可以拥有的，它需要来自其他方面的实践来加强。比如，通过一些力所能及的小事，维护与亲朋好友之间的关系；培养多方面的兴趣，提升自己的情操等。

好情绪固然可以练，但这免不了要花些时间。那么，有没有一种办法能够让情绪在瞬间就好起来呢？事实上，还真有一种办法，那就是"装"。为了说明好的情绪是可以装出来的，美国心理学家霍特举过这样一个例子：

有一天，我的友人弗雷德感到意志消沉，情绪低落。通常情况下，他都是避开人群，直到这种情绪消散为止。不过，当天他有一个非常重要的会议，所以临时决定装出一副快乐的样子。会议开始前，他故作热情地和对方打招呼。在会议中，他尽量通过侃侃而谈来掩盖内心的情绪。不过，这种"故意"并没有坚持多久，他就发现自己已经完全投入到整个会议中了。总之，他在整个会议中一直都表现得彬彬有礼、和蔼可亲。当会议结束时，他甚至还有点"意犹未尽"的感觉。他觉得奇怪：那种折磨人的忧郁情绪在会议开始前明明就在头脑中，不知何时突然就没了。弗雷德当时还没意识到，他已经在不知不觉间运用了心理学上一个重要的新理论：当你假装拥有某种愉快的心情时，往往能帮你真正地获得这种感受。

几十年来，心理学家都普遍认为：除非人们改变自己的情绪，否则通常不会改变行为。比如大人对泪汪汪的小孩说"笑一笑"，结果孩子勉强张嘴笑了一下后，很快就会变得开心起来。这其实和人们早上起来对着镜子笑的道理差不多。当人们对着镜子做出笑的样子时，即便是装模作样，也有助于开发人们笑的潜能，并导致真正的笑。另外，做出笑的样子，有助于提高人们对幽默的感受能力，从而使那些原先根本就不会使你发笑的东西现在使你忍俊不禁。

维尔尼·孔蒂是《快乐者生存》的作者，同时也是美国著名"开怀一笑"幽默工程的发起人。她在介绍自己的对镜自笑法时，这样说："每天早晨，我会站在一面大镜子前，看着自己在镜子里一丝不挂的样子，并不由自主地开始发笑。年龄越大，就越容易嘲笑自己。看着镜子里已经松弛了的皮肤，想象过去自己的样子，嘿，没有必要为了青春的消逝而悲天悯人，没有必要哀叹自己再也不会有过去的美貌和姣好的身材。要知道，岁月的流逝对每个人都是一样的，过去了的再也不会回来，你哀叹得多厉害，也不会重新让你再回味一下过往的辉煌，那么为什么不放开一些，看看时光在你的身体和精神上所留下的动人的痕迹？这才是可以永恒的。来吧，朋友们，特别是那些一直都吝啬自己笑容的人，我敢打赌，如果你们现在向最近的一面镜子走过去，脱掉衣服，然后开始学着70年代的老调子唱《感情》这首歌，你们一定会开始大笑不停的。"

不管是弗雷德的故事，还是孔蒂的经验，都在告诉我们这样一个事实：装出来的行为也能改变情绪，而改观了的情绪又会真正地优化行为。心理学家艾克曼的一个实验表明，当一个人总是想象自己进入某种情境，或者拥有某种情绪时，那么这种情绪十之八九会真的到来。比如，一个故意装作愤怒的实验者，由于受到角色的影响，脉搏开始变强，体温也开始升高。这个实验不仅进一步证明了情绪与行为之间的密切关系，也为我们提供了一个摆脱负面情绪的途径，那就是"心临其境"。比如，当你烦闷的时候，可以通过看手机里以前游玩时拍的照片，让自己的心再次感受一下当时的情境。通常情况下，人们都会在看完手机后，感觉心情爽朗许多。

美国现代成人教育之父戴尔·卡耐基说过和这一理论相似的话："当你假装对工作感兴趣时，这种态度往往就会让你的兴趣变成真的。这种态度可以减少疲劳和忧虑。"英国小说家艾略特曾这样写："行为可以改变人生，正如人生应该决定行为一样。"所以，当你的情绪陷入低谷的时候，多通过有意识的动作来改变心情，并利用改观了的心情来改变行为。此时，你会发现，自己的人生将会真正由自己做主。

第二章

▼

**失控失在情绪，自控
控在思维**

▲

换一种思维，快乐和忧愁就能转换

　　荷兰著名哲学家斯宾诺莎曾经在自己的作品《伦理学》中提出这样一个观点："快乐和忧愁是完全可以互相转换的。"很多人无法理解，因为快乐和忧愁是截然相反的两种情感，怎么可以互相转换呢？我们不妨通过一个例子来理解。

　　一位老太太有两个开店的女儿，一个给人洗衣服，另一个卖伞。不过，老太太整天都是愁眉不展的样子。原来，遇到晴天的时候，老太太担心开伞店的女儿的生意不好；遇到阴天的时候，老太太又担心开洗衣店的女儿的衣服晒不干。有一天，当她把自己的苦恼告诉邻居的时候，邻居却这样说："老太太，你真是好福气啊！你想想，下雨天的时候，你开伞店的女儿生意好，自然应该高兴；晴天的时候，你开洗衣店的女儿的衣服干得快，难道不好吗？对你来说，哪一天都是好日子呀！"老太太想一想，感觉确实如此，心情顿时由"阴"转"晴"，变得整天乐呵呵的。

　　哲人的睿智虽然不是普通人可以企及的，但是其中卓越的见解却是任何一个渴望从忧愁转向快乐的人可以汲取的养料。快乐和忧愁确实是两种对立的情感，但只要转变思维，情感就可以互换。我们必须承认，有些不良情绪确实是生活中的不利境遇引起的，但也有些不良情绪是人们对事情的真实情况缺乏了解或认识有偏差而盲目地生长起来的。同一事物，由于出发点和认识的不同，心情也不同。由于老太太未能全面合理地认识事物，而是单方面地、悲观看待问题，结果导致了消极的情绪。若从积极的角度理性地分析问题，就能获得愉快体验。邻居或许没有听说过斯宾诺莎，但是他劝诫老太太的话和"快乐和忧愁可以互相转换"的观点不谋而合。

现实生活中有很多让我们忧愁的事情，比如嫌工资少、房租贵，担心孩子的考试、父母的健康等。在这种负面情绪的阴影下，人们自然郁郁寡欢。其实很多时候，这种忧愁不但没用，而且时间久了还会导致人精神上的压抑。此时，我们不妨换一种思维，让好坏心情互换。

当然，好坏情绪不是想换就换的，关键在于思维。关于转换思维，说得具体一点，就是把想要的转化为已经拥有的。比如，不要抱怨你的薪水，而感激自己拥有一份工作；不要担心孩子的成绩，而要为孩子的健康感到欣慰。这样想，我们就会发现生活其实比我们想象的更多彩。

曾经有一位创业者被问到如何有勇气离开纽约一家舒适的公司到新罕布什尔州经营自己的小生意时，对方是这样回答的："我希望开始自己的生意，那样可能会发生的最坏的事情是什么呢？我可能会失败，甚至会倾家荡产。如果我倾家荡产，可能会发生的最坏的事情是什么呢？我将不得不做任何我能够得到的工作。那样可能会发生的最坏的事情是什么呢？我又会厌恶这种工作，因为我不喜欢受雇于人。于是，我会再找一条路子经营自己的生意。然后呢？第二次我将会获得成功，因为我知道如何避免失败了。"

这位创业者用一系列设问表达了自己的观点，从中我们可以看出，这个世界上并没有绝对的对与错，区别只在于我们如何看待事情的发展。有位心理学家说过："一个人体会幸福的感觉不仅与现实有关，还与自己的期望值紧密相连。如果期望值大于现实值，人们就会失望；反之，则会高兴。"确实，在一个固定的现实面前，期望值不同，人的情绪也就不可避免地产生差异。

钱钟书在《围城》里讲述过一个非常有趣的故事。这个世界上有两种人，比如手里都拿着一串葡萄，一种人先吃最好的，另一种人则把最好的留在最后。但是，这两种人都感受不到快乐。先吃最好的葡萄的人会认为他剩下的葡萄越来越差，而把最好的留在最后吃的那种人则会认为他吃的每一个葡萄都是整串葡萄里最坏的。

　　为什么会有这种心理呢？原因在于，第一种人常用以前的东西来衡量现在，第二种人则刚好相反。所以，他们都不快乐。

　　为什么不这样想：我已经吃到了最好的葡萄，有什么可后悔的；我留下的葡萄和已经吃掉的葡萄相比，都是最好的，为什么不开心呢？

　　其实，这就是生活态度的问题，它决定了一个人的喜怒哀乐。

　　谁的生活中都难免会遇到不幸，此时最需要的就是积极、乐观的心态。当你发现自己的生活陷入黑暗时，你需要做的不是埋怨，而是转变思维。会转变思维的人，内心永远不会黑暗，情绪永远不会失控。

识别那些不合理的情绪模式

　　人类有一些共同的情绪模式，比如亲人去世了，都难免痛苦和失落；作为单个人，我们也有一些属于自己特有的情绪模式，比如有人对虫子过敏，看到虫子就会比较厌恶。有些情绪模式是固定的、长期的，但也有一些情绪模式是临时的、短暂的。不管属于哪一种情况，一旦情绪模式成型，就会先入为主地占据我们的大脑，影响我们的思维，并引发一系列行为反应。这就是为什么有人总感觉无法控制自己情绪的部分原因。在情商理论中，这种现象也叫作"情绪绑架"，即情绪阻断逻辑思考，强制引发本能反应。当然，有些情绪模式是合理的，我们只要顺其自然就行，还有一些情绪不但不合理，反而有可能给自己带来危害。

美国某城市的一个街区因为近来多次发生抢劫事件，所以当地居民外出都格外谨慎。一天，有个居民外出时见四周无人，警惕心立马提升，走路时小心翼翼。就在这时，他听到背后一声呵斥。这位居民的第一反应是："糟了，遇到抢劫的了。"于是，他赶紧把手伸进口袋，打算把钱包拱手让出，免得有人身危险。

事实上，呵斥他的那个人是巡逻警察。那个警察见这个居民走路时小心翼翼的样子，便起了疑心，想盘查他一番。结果，当这个居民把手伸进口袋里时，这位警察的第一反应是："他正在掏枪。"见状，警察立马掏出手枪，并呵斥道："不许动，否则我开枪了。"听到这里，居民更害怕了，基于本能，撒腿就跑，不过手仍然在掏钱包。

警察立即追赶。刚跑没几步，居民逃跑的方向迎来了另外一位巡逻的警察。就在这时，在后面追赶的那位警察不小心跌倒了，而迎面赶来的那位警察把"一切"都看在眼里：同事拼命追赶逃跑的人，而逃跑的人面露恐惧，手还插在兜里。此时，迎面赶来的这位警察坚信了自己的判断：这个人是匪徒，刚才用枪射倒了警察，此刻正在逃跑。于是，当这位居民离近时，迎面赶来的这位警察本能地开了枪。

在这个故事中，两位警察和居民都有自身看似合理的思维，但结果还是被自己的情绪绑架了。当然，这里面有偶然因素存在，但不能否认双方的不合理情绪模式也在作怪。

摆脱"情绪绑架"首先要识别自身的情绪模式，看看哪些是合理的，哪些是不合理的。当你能够有意识地觉察自己的情绪，观察你的自动反应以及背后的情绪驱动力时，便能够识别自身的情绪模式，从而更加了解自我，更加自如地控制自己的情绪。下面我们介绍几种识别自身情绪模式的办法。

情绪记录法

画一个"心情谱"，然后每周抽出一到两天的时间，有意识地留意并记录自己的情绪变化过程。你需要格外注意以下几个点：在什么时间、什么地点、和谁相处、遇到什么事时，产生了怎样的情绪以及后续的影响。

情绪反思法

借助你记录的"心情谱"，认真反思自己的情绪，判断自己的情绪反应是否得当，为什么会产生那样的情绪，应当如何消除不良情绪的蔓延。比如，如果你通过查看"心情谱"，发现自己总是为了一些鸡毛蒜皮的小事而大动肝火，它不仅损害了自己的健康，还伤害了家人和朋友。经过反思后，你就可以有意识地改变自己的思想观念，遇事尽量思考积极的方面，并培养宽宏大量的品质。过一段时间，当你再次翻看"心情谱"时，便会发现因小事乱发脾气的现象少了，而且觉得以前乱发脾气很幼稚。

情绪恳谈法

俗话说："当局者迷，旁观者清。"有时候，发生在我们身上的情绪变化并不会被我们感知，而是被周围的人察觉。所以，他人也可以成为自己反思自身情绪的一面镜子。当然，前提是，你需要经常性地和周围的人恳谈，征求他们对你情绪管理的看法与意见。

情绪测试法

现在有很多情绪测试软件，我们可以通过这些软件发现自己通常会在什么问题、什么状态下产生什么样的情绪，这是识别自身情绪模式的有效途径。当然，如果你不信任测试软件，那么也可以通过咨询心理医生的方式来达到这一目的。

理性资料法

选择你的不合理信念以及相应的健康替代物。将你能够想到的反对不合理信念和支持合理信念的观点写下来。总结这两个观点，列出清单，反复进行比较，然后分析哪一种信念是正确的。最终，在心里真正认同你的合理信念，并彻底否定不合理的信念。

"情绪绑架"有利有弊，但多数情况下弊大于利。正如有位心理学家所言："在情绪绑架发生时，人们往往期望事实与其所预料的一致。但结果不如所愿时，他们常常会漠视事实，而不是去改变预先的想法。"所以，为了避免情绪绑架，我们应该主动出击，识别不合理的情绪模式，改变错误的想法。

坏情绪源自负面思维

　　陈佳有一个幸福的三口之家：自己是银行职员，丈夫经营着一家外贸公司，两人还有一个5岁的儿子。不过，这一切都因为一次谈话而土崩瓦解。丈夫告诉陈佳，希望和她离婚，因为自己的秘书已经怀孕两个月了，他需要对这个女人负责。听完这话后，陈佳异常痛苦，感觉一切都完了。她甚至以死相逼，但无济于事，因为丈夫已经铁了心要离婚。最后，陈佳被送进了医院，所有人都认为是丈夫的不忠才导致陈佳的痛苦。

　　的确，遇到这样的事情时，把责任归咎于丈夫合乎常理，但这并不能反映事实的全部真相。像陈佳一样遭遇婚姻变故的女性有很多，但她们痛苦的程度却并不一样。所以，痛苦本身并不完全取决于引起痛苦的事实，也取决于受害者的思维。

哲学家艾比克·泰德说得很明了："人们不是被事情困扰，而是被他们看待事情的观点困扰。"以抑郁症为例，研究者发现抗抑郁的药物可以"治好"抑郁症，但这仅限于病人服药期间。一旦用药停止，抑郁症就会复发。有时候，该病已经治好几个月了，病人的病情还会复发。当然，不管是病人，还是医生，没有人愿意采用终身服药的方式来治疗抑郁症。因此，20世纪90年代的时候，心理学家开始了一种全新的治疗抑郁症的方法。在研究这种全新疗法的过程中，医生发现，当某人患上抑郁症的时候，和抑郁有关的思维与情绪、行为连接得更为紧密。或者说，某种负面的思维方式更容易诱发抑郁症。

基于这种认识，医生们不再把目光仅仅停留在抑郁的症状上，而是开始关注症状背后那些习惯性的、自动化的思维。最后，心理学家得出结论：情绪会严重受到思维的影响。这也就意味着，驱动我们情绪的并不是糟糕的事件本身，而是人们对这些糟糕事件的看法。一个比较有名的例子是，面对同样半杯水，悲观者往往会叹息"只有半杯水了"，而乐观者则会想"还有半杯水"。悲观思维导致悲观的情绪，乐观思维产生乐观的想法，这就是思维对人们情绪的直观影响。

当人们认识到思维对情绪的这种影响后，各种关于情绪的行为疗法就应运而生，心理学家阿尔伯特·艾利斯创建的"ABC模型"便是其中最有名的疗法之一。

在这个模型中，A（Antecedent）指的是事实本身，也可以理解为前因；C（Consequence）指的是人们面对事实时的各种反应，也可以理解为后果。前因A相同，并不一定会出现同样的后果C，这是因为中间会通过桥梁B（Bridge），这座桥梁就相当于我们对事物的认知。认知不同，后果C就会不同。人们通常情况下只能看到A，并感觉到C，但是很少有人意识到B的存在。我们总以为是事实A引起C这一后果，岂不知B才是关键。

我们不妨以上文提到的陈佳的故事为例，试着用ABC模型来看她是如何困扰自己的。

陈佳的丈夫有外遇，并提出离婚，这便是事实本身，也就是模型中的A。陈佳感到绝望，想自杀，这是后果，也就是模型中的C。认为A导致了C，只有部分是正确的，因为并非所有被丈夫背叛的女性都会产生绝望的想法。亲友们认为丈夫的不忠导致了陈佳的痛不欲生，因为他们忽略了陈佳本人内在的想法，也就是说忽略了过程B。

现在让我们深入探讨一下陈佳内心深处的B，看它究竟是怎样的。陈佳内心深处难免会有这样的想法，比如"为什么遭遇婚变的是我？""我是一个失败的妻子吗？""没有了丈夫，我以后怎么过？"毫无疑问，面对A，陈佳内心深处滋生了很多消极的想法，甚至严重到想自杀。

从心理学角度观察，陈佳面对的是已经发生了的事实，她无法改变。此时，她完全可以选择构建另一个信念B，从而产生一个全新的C。比如，陈佳可以这样想："离开就离开吧，只要能和孩子在一起，照样可以过得很幸福。"她也可以抱着更加积极的心态这样想："感谢他这个时候选择离开我，而不是等到我人老珠黄的时候才告诉我，这样也不耽误我遇到更好的男人。"

很多时候，事实本身并没有那么糟，但因为人们不同的思维方式，却带来了完全不同的情绪反应。这种因思维方式不同导致情绪变化的例子在生活中很常见。比如，员工被上司叫到办公室谈话，结果这位员工郁闷了一天，因为他觉得是自己工作没做好才被叫去谈话的。带着这样的思维，他接下来一天的工作都在出错，这似乎更加深了他的判断：我就说自己什么都做不好吧，看来我是要被辞退了。事实上，上司之所以找他谈话，是因为看到他工作疲惫，希望借此缓解他的压力。所以，很多事情的复杂化完全就是负面思维的结果，与事实本身没有太大关系。一旦这种负面的思维形成，就会带来一系列的坏情绪。坏情绪又会加剧负面思维，进而让负面思维陷入恶性循环之中。

偶尔失败，不等于整个人生都失败

李桐刚参加工作没多久，女朋友便和他分手了。可能是因为之前投入的感情太深，失恋后的李桐变得十分消沉。他感觉自己整个人生都是失败的，甚至悲观到想自杀。不过，自杀前，他想给自己最好的朋友打个电话，作为道别。

朋友在另外一个城市，那里正在发生水灾。听了李桐自杀的想法后，朋友十分着急。虽然不停地劝说，但李桐自杀的心似乎已经不可改变。朋友很无奈，便问他打算如何自杀。李桐在电话那边说："我想喝安眠药自杀。"随后，朋友便在那边咆哮着说："喝安眠药自杀是懦夫才会选择的死法，如果有本事，你过来，帮助我的家乡抗洪救灾。到时候，如果你累死在救灾第一现场，也比你懦弱地在家里喝安眠药自杀更有价值。"

李桐听从了朋友的建议，当时就在网上买了车票，直奔朋友所在的城市。面对汹涌的洪水，李桐没有丝毫怯意。抱着"死也要累死"的想法，李桐扛着麻袋比谁跑得都快。就这样，连续干了6个多小时后，李桐终于体力不支，眼睛一黑，昏倒在了大堤上。

等李桐再次睁开眼睛的时候，发现自己已经躺在病床上，周围还有很多鲜花。"原来我没死啊！"李桐喃喃自语道。朋友和护士就站在床边，而且后面还有一个记者模样的姑娘。见李桐睁开眼睛后，那位姑娘对李桐竖起大拇指，说："你真是个大英雄，从那么远跑到我们这里来参加救灾，我一定要把你的事迹发表到网络上。"

李桐的脸顿时红了起来，羞愧地说："你误会了，我不是什么大英雄，事实上，我是因为失恋想自杀，所以听从朋友的建议……"

听完李桐的讲述，大家都不相信。那位护士甚至笑着说："没想到你还挺幽默的。"

见大家都笑了，李桐也忍不住笑了起来。之后，李桐再也没有提到自杀的事情，而且也接受了大家赋予他的英雄称号。

古人常用"塞翁失马，焉知非福"的典故来比喻虽然一时受到损失，但是因此得到了好处。如果没有李桐在恋爱方面的挫折，就不会有后面的"英雄事迹"。人生之路很漫长，在这个过程中，我们每个人都会遭遇各种挫折和失败。如果仅仅因为一次失败，就认为自己是个一无是处的人，那么沮丧就会随之而来。沮丧的心情在人的心理长期积压，就会吸引更多的负面情绪，直到最后把你压得喘不过气来。

美国心理学家艾里丝说过："人们对某种情境的思考、解释决定他的情绪和行为反应。"虽然一些沮丧的情绪是认知结构扭曲造成的，但是人们一般很难意识到。这是因为在认知结构背后有一种存在于潜意识的内在思想，不易被人察觉。但是，一旦受到当前事件的刺激，它就会产生消极情绪和行为。就像上文中提到的李桐，显然就是错误地认为恋爱便是人生的一切，因为对恋爱失去信心，便产生了消极的情绪，甚至想到自杀。

如果人们只是单纯地对自己的行为进行评价，就不存在任何情绪上的困扰。很多人之所以会受到负面情绪的困扰，就在于他们总是把对自己某个具体行为上的评价延伸到个人价值的判断之上。这种思维习惯导致的结果就是，只要犯了一个错误，就会感觉自己是个彻头彻尾的失败者，进而引发诸如绝望、抑郁、悲观等负面情绪。

那么，怎样才可以改掉这种思维习惯呢？我们不妨做这样一个假设：

你家里有一片菜园子，你种了黄瓜、辣椒、茄子等各种蔬菜。蔬菜不同，种植的要求也各不相同：有些种上就不用管了，有些需要仔细照料，否则很容易死掉。因为你并不精通每种蔬菜的种植方法，所以等到收割这些蔬菜的时候，有些长得很好，有些却长蔫了。不管怎样，看着那些果实饱满的蔬菜，你的心里终究是高兴的。对于那些长蔫了的蔬菜，你难道会一气之下把整个菜园子都毁了吗？肯定不会。你会重新评估过去一年来这些蔬菜的成长情况，确定哪些容易种，哪些不容易种，哪些需要精心照料，哪些不需要精心照料。知道了这些后，你就会在来年的种植中有针对性地选择品种，采用更合理的方法，以此来提高产量。

其实，对待事情的思维方式也应该遵循上述在菜园子里种菜的做法。那些失败了的事情，无非就是自己一不小心种蔫了的蔬菜，没有什么大不了的。如果一怒之下把整个人生都否定掉了，岂不是相当于把自己的菜园子整个都毁掉了吗？

有些人看问题会着眼于全局，有些人看问题会着眼于当下。着眼于全局的人，更看中事情好的一面；而着眼于当下的人，更看重事情坏的一面。后者的思维就属于典型的以偏概全。所以，要想在失败之后重新振作起来，人们的关注点就不能局限于情绪本身，而要找出引起负面情绪的想法，并改变错误的认知。一旦找到了这种错误的认知，就可以用建设性的观念替代它。通过正面想法的鼓舞，可以让自己接受现实，同时找出自己的偏激之处。

突破定式思维，灵感自然出现

第二次世界大战时，苏德双方激战正酣。一天，苏军元帅朱可夫收到斯大林一封密电，要求他在一个星期内对人数远超自己的德军某防御工事基地发起突袭，彻底摧毁后者的防线。

接到密电后，朱可夫立刻查看了一周的天气预报，发现有一天晚上是阴雨天，非常适合进攻，便将偷袭的时间定在那晚。就在万事俱备的时候，那天晚上的天气却由阴转晴，天上的月亮就像挂在高空的灯，把大地照得通明。苏军如果此时发动袭击，会被德军发现。此时，箭在弦上，已经到了不得不发的地步。有个参谋长向朱可夫建议，既然偷袭不成，那就正面强攻。不过，这一建议立马遭到了其他人的反对，因为德军人数众多，而且地理位置优越，强攻无异于自焚。

就在大家一筹莫展的时候，朱可夫的脑子灵光一闪："各位，为什么我们非要在晚上进攻呢？""因为晚上天黑，对方看不清我们呀！"大家几乎异口同声地答道。"很好，那只要想办法让对方看不清我们不就成了吗？为什么非要等到天黑呢？"军官们顿时茅塞顿开。"不过，用什么办法可以让对方看不清我们呢？"有人问道。朱可夫想了一下，笑着说："有了！"

原来，朱可夫想到的办法是，命令手下把全军所有大功率探照灯集中到一起，然后把这些探照灯分配给打前锋的冲锋连。当天晚上，偷袭战役如期打响。刚开始，德军以为苏军不会有行动，因为老天站在他们这边。不过，当苏军冲锋连的几百盏探照灯同时打开时，形式瞬间发生了逆转——刹那间，极强的灯光把躲在防御工事里的德军照得什么也看不见。就在这时，苏军一拥而上，很快就赢得了胜利。

很多时候，人们苦思冥想仍然想不出满意的方案，一个非常重要的原因就是陷入了定式思维。此时，越是催促，人们就会越来越焦躁。所谓"定式思维"就是人们在感知、评价客观事物时的一种特殊心理准备状态，也是一种会发生在每个人身上的心理现象。心理学家研究表明，人们在经历一个事件之后，会在头脑中留下印象，当类似事件再次发生时，就容易根据过去的认识和经验，推导出相同的结论。人们运用某种认知方式进行思考，重复的次数越多、越有效，就越容易在相似的情境中优先运用这一方式。

思维定式对于解决问题有一定的积极作用，它可以将已有的知识和经验与当前问题联系起来，减少了许多摸索、试探的步骤和时间，进而帮助人们有效解决问题。但是，就像我们上面举的那个例子一样，当思维定式占据了思维的主旋律时，很容易限制思维的灵活性，使人们形成千篇一律的呆板思维，并使人陷入困难的境地。还好，朱可夫并非泛泛之辈，而是一个头脑异常灵活的人，所以能够跳出固有的思维，提出出人意料的解决办法。

在现实生活中，我们难免会被各种各样的问题、困难缠绕。遇到这种情况，有的人会怨天尤人，有的人会自责，但这些对于解决问题没有任何益处。当然，我们不排除有些问题确实超出了我们既有的能力，或者条件不具备，但是绝大多数情况下，只要我们突破解决问题的定式思维，就会在脑子里产生意想不到的解决办法。突破思维定式虽然不是轻而易举的，但也不是某些天才人物的专利。事实上，只要掌握了方法并拥有一定的积淀，每个人都能够拥有属于自己的灵感。下面是3条需要注意的事项。

相信自己的判断

一提到创新观念，改变思维，很多人就会觉得这属于爱因斯坦、马克思、弗洛伊德这类天才式人物的事情，与自己没有多大关系。事实上，每个人都有与生俱来的创新能力，是否能够得到充分发展，关键看个人的心理素质。现在的心理学家普遍认为，人们的创新能力存在差异的原因在于，那些认为自己没有创新能力的人会一直缺乏创新力，而那些总认为自己有创新能力的人则会真的表现出很强大的创新力。自认为没有创造力的人，就会在无形之中禁锢自己的意识，思维也会变得迟钝；自认为有创造力的人，会积极地发现问题，并捕捉自己的灵感。如果说创新力只是一种思维游戏，那么它对情绪的影响就会大打折扣。关键是，创新力会极大地激活人的思维，并运用一些有创造性的方法解决现实中的问题，所以，它的价值也就水涨船高。当然，创新观念是有风险的，它需要一定的勇气，但关键是，要相信自己的判断。

不懈地求知进取

古罗马哲学家塞涅卡说过："没有某些发狂的劲头，就没有天才。"即便是像数学家陈景润这样的天才级人物，为了证明"哥德巴赫猜想"，也必须夜以继日地伏案钻研。他勤奋到什么程度呢？据说在钻研的时候，他每天工作12个小时，饿了就啃一口馒头，渴了就舀一瓢凉水喝，光是演算用的稿纸就装了几麻袋。最后，陈景润因为"陈式定理"名扬海内外。所以说，要想培养创新的动机，就需要激发内心的求知欲。培根说过："知识是一种快乐，而好奇则是知识的萌芽。"不管一个人的禀赋如何，要想拥有一双"慧眼"，就需要不懈地探索。

让自己广泛涉猎

英国哲学家罗素说过："一个人的兴趣越广泛，他的幸福就越多，他受命运摆布的可能性就会越小。"兴趣可以让我们保持一种经久不衰的热情，也可以帮助我们战胜创新过程中遇到的大大小小的挫折。浓厚的兴趣可以帮助我们更广泛地涉猎新事物，但要想事半功倍，还需要博采众长。我们不仅要对自己所涉猎的领域博采众长，还需要对其他相关领域保持兴趣，怀有求知欲。当然，人的智力和精力终究是有限的，很难成为触类旁通的"大家"。因此，最合理的做法是培养广泛但有重心的兴趣，把主要精力集中于一个中心目标，对其他方面则保持敏感即可。

借助想象，唤醒积极的情绪

　　思维决定情绪并非什么新的观点，事实上，早在古希腊时期，哲学家埃皮克提图就这样说过："人的烦恼并非来源于实际问题，而是来源于看待问题的方式。"鉴于思维对情绪广泛而深刻的影响，心理学家们学会了各种通过改变思维来治疗心理疾病的方法。比如，在治疗抑郁症方面，认知疗法已经成为全球应用最广、参与人数最多的心理治疗之一。认知疗法的重点是改变人们错误、不合理的想法，进而改变心态，甚至改变价值观和信念。事实上，除了认知疗法外，还有一种思维方法可以改变人们对事物的看法，而且比客观地看待事物更能激发人们乐观的情绪，那就是想象。

　　有相关研究发现，想象是引发情绪反应的重要方式。积极的想象有助于人们消除负面情绪，从而对未来充满更为乐观的期待。比如，遇到困难时，想象自己肯定可以找到应对方法。在这种乐观思维的引导下，人们会更自信，结果通常也更圆满。很多经常宅在家里的女生对于运动往往会比较排斥，但是如果引导她们想象自己迎着日出，在公园里的林间小道呼吸着新鲜空气，闻着花香，听着鸟语，她们多会被说服。其实，在《西游记》第20集"孙猴巧行医"里面有这样一个场景，它非常形象地说明了想象力对于激发人们积极情绪的作用。

唐僧师徒四人路过朱紫国。孙悟空通过贴在城墙外的皇榜得知朱紫国的国王患病在身，正在全国寻求可以医治国王疾病的良医。因为被师父责备在大庭广众之下没有遮挡好自己的嘴脸而吓到众人，猪八戒拒绝了"猴哥"让他到街上买菜的请求，躲到另一个屋子睡觉。当然，买菜只是一个幌子，目的是为了骗八戒到街上揭榜。为此，孙悟空和沙僧两人就上演了一场"想象力"的好戏。先是孙悟空故意问沙僧刚才进城在大街上有没有看到好吃的东西，沙僧就敞开嗓子冲着猪八戒躺着的那个屋子大声说出了很多好吃的食物，什么苹果、梨、香蕉、菠萝、各式糕点，以及烤肉之类的东西说了一大堆。最后，猪八戒按捺不住自己作为一个"吃货"的欲望，主动出来要和"猴哥"到街上去。

其实，沙僧说的这些东西并不完全是自己看到的，更多的是想象出来的。最后，刚才还推托、抱怨的猪八戒一听到这些吃的东西，立马就有劲了，央求着上街。这种通过想象激发人们积极情绪的做法不仅发生在日常生活中，还发生在医学领域。

美国卡尔·西蒙顿医生曾经患上了皮肤癌，但他并没有因此而消沉，反而借助积极想象力唤醒了身体免疫机能，战胜了这一不治之症。随后，他根据自己的经验创造了"精神想象操"，帮助更多人治疗晚期癌症。

在医生的帮助下，患者按照"精神想象操"闭目静坐，每天三次。经调查显示，大多数患者在练习之后明显感觉心情变好，原来焦躁、恐惧等不良情绪大大减少，直至逐渐消亡。其中很多患者都因为这种操延长了自己的生命。有一位喉癌患者病情严重，每天只喝一些果汁维持生命。对此，医生无计可施，告诉病人只能活一两个月。后来，这位患者开始练习"精神想象操"。每天，她静坐在床上，驱除各种杂念，进入美好的情绪体验中。一个月后，病情有所好转，一年后，肿瘤竟然奇迹般消失了。

积极的想象不仅能改善情绪，还能收获良好的心境，让人生充满乐趣。在这个世界上，很多人虽然衣食不愁，但是整天还是闷闷不乐，主要原因就是他们习惯性地用消极思维想象自己的人生。英国作家萨克雷说过："生活就像一面镜子，你笑，他也笑；你哭，他也哭。你感谢生活，生活将赐予你灿烂的阳光；你不感谢，只知一味地怨天尤人，最终可能一无所有。"

人的一生固然有各种不如意，但乐观的人从来不会把这些东西装在心里。相反，他们会在脑子里酝酿出各种积极的想象，并以此为力量，控制自己的情绪。有人说："快乐是一天，不快乐也是一天，与其不快乐过一天，不如快快乐乐过好每一天。"那些知道这一道理并依此行事的人，必定是想象力丰富之人。所以，从现在开始，换一种思维对待你的人生吧。

第三章

▼

没有意志力，就不存在控制力

▲

意志力缺失源于注意力涣散

你是否因为沉迷于微信聊天而耽误了学习和工作？你是否曾经为了买一双鞋而在网上一逛就是好几个小时？你是否因为担心不能及时看到朋友的留言而不停地看手机？聊天、上网本来都是生活中再平常不过的小事，现在却越来越影响人们的生活质量。那么，到底是怎么回事呢？所有问题的根源都在于我们那糟糕的注意力。

随着互联网技术的发展，智能手机的普及，人们的注意力越来越被手机、网络分散。微博曾举办过一场名为"最新十大酷刑"的投票活动，列出的十大酷刑包括减肥、早起、断网、剧透、想一个人等。最后，断网以33%的高支持率当选当代"十大酷刑"之首。断网其实只是一种表面现象，它反映出来的深层次的问题是，人们对网络的迷恋和依赖已经达到了让人痛恨交加的地步。爱，是因为人们确实离不开它；恨，是因为人们注意力涣散，甚至有点迷失了自我。

除了网络之外，另外一个分散人注意力的就是智能手机。按理来说，当手机智能化之后，网络和手机就是一回事。但是，他们之间依然有着微妙的区别。网络多是从内容上分散人的精神注意力，而看手机的习惯则瓦解了人们专注于一件事的行为注意力。很多时候，人们明知没什么重要的信息，却还是忍不住拿起手机看看。有调查数据显示，每个中国人平均每天摸手机150次！除去睡着的8小时，差不多每6分钟就要看一次手机！甚至有网友调侃："怎么可能？明明就一次，睡醒拿起，睡前放下。"

不用理会上述数字的准确性，也不要小看网友的调侃，因为手机是人们沟通、交流、学习、娱乐、购物的工具……

如此密切的关系，频繁的接触，让很多人不得不思考这样一个问题：离开手机，人可以活多久？我们知道，不吃饭，人可以活7天，不喝水，人可以活3天。那么，没有手机，人的肉体可以活多久？虽然不方便考证，但是精神能活超过半天就已经是一个不错的记录。有点夸张，但对很多人而言，的确如此。

很多大人现在经常抱怨小孩普遍缺乏意志力，做什么事都是三天打鱼，两天晒网。其实，大人又何尝不是呢？我们扪心自问一下，上一次看完一本超过100页的图书是在什么时候。在碎片文化流行的今天，又有几个人能够安心完完整整地看完公众号里的一篇文章，所以，意志力的缺失都是从注意力的分散开始的。

注意力其实就是人们集中于某一具体事物的心思，和记忆力、想象力、观察力、思维力并列为智力的五大基本要素，也被称为"心灵的门户"。俄罗斯教育家乌申斯基认为，"注意"是我们心灵的唯一门户，意识中的一切，必然要经过它才能进来。只有集中注意力的人才能够清晰地感知、判断和决策。也就是说，注意力是智力和其他几大要素的支持和指引。注意力不佳的人，即使记忆再准确、观察再细致、想象再具体、思路再清晰，也是枉然，因为他们根本就无法保证自始至终地关注同一件事。

人的注意力是有限的，一旦分散注意力的事情太多，人的情绪就会变得焦躁。另外，如果注意力长期无法集中，人们就很难完成某件事情，长此以往就会变得对自己失去信心。所以，集中注意力不仅是提升意志力的关键，还是控制情感、保持情绪稳定的关键。下面是几种提升注意力的方法。

集中凝视

集中凝视包括静视、行视、抛视等多种方式。静视，是指在复杂的环境中准确地找出一样东西，仔细观察并在心中默数60秒后，闭上眼睛，描述它的形态特征，在储存大量视觉信息的同时，提高注意力和观察力；行视，指边走边看，一路默记尽可能多的物体，以此锻炼大脑的瞬间注意力；抛视，指选择一些不同颜色、形状的木块，将其混合后，随手抓出一些抛起，然后回忆这些木块落下的顺序。

舒尔特方格

在25个方格内乱序填写1～25之间的数字。填好后，按下秒表，并按照顺序依次指出1～25的数字所在的位置，朗读出声，然后记录每次训练所用的时间。时间越短，说明注意力水平越高。

计数训练法

大声从100、99、98……一直数到1。反复多次练习，力求又快又准。这种倒着数数的方法可以有效集中注意力。长期练习会对提高注意力有很大帮助。

坚定的信念是意志力的基础

俄国著名画家列宾说过这样一句话："无原则的人是无用的人，无信念的人是空虚的废物。"信念就是人内在的积极性，它可以令人在黑暗中摸索，在低谷中坚持。在信念面前，再大的困难也不足为惧。很多伟人凭借坚强的意志完成了超乎想象的事情，其实，他们的动力源泉正是坚定不移的信念。

不管是否留意到，现实生活中我们的思想和行为其实都是基于某种信念。这种信念既可以是某些信仰，也可以是朋友之间普通的信任。《圣经·新约》说："信念是所望之事的实底，未见之事的确据。"18世纪的英国牧师约翰·卫斯利曾经问一群朋友什么是信念，结果没有人能给出令他满意的答案。后来，他又去请教一位颇有灵性的女子，对方回答说："按上帝说的做。"于是，卫斯利便说："那么我们每一个人都有信念。"基督教之所以会成为某些人的信仰，是因为他们相信上帝，而这也成了他们为人处世的信念源泉。

虽然普通朋友之间的信任通常情况下还达不到信念的高度，但是在某些关键时刻，这种信任甚至比宗教信仰更能平息一个人内心的恐惧。

《苦儿流浪记》里有这样一个情节：小说主人公雷米和几名矿工遭遇矿难，被困在一个狭小的空间里。脚下是看不到尽头的水流，而手里的几盏台灯就是他们所有的物品。在这种极端恶劣的环境下，他们随时都有可能会被水流淹死，或者窒息而死，当然，也有可能会被饿死。他们虽然知道外面有施救人员，但是普遍都比较悲观。看到大家人心不稳，情绪低落，其中一个戴手表的人建议将灯熄灭，每隔一段时间由他通报一次时间。这样大家就可以放心休息，也可以节省体力。时间就这样一分一秒地过去了，矿工们的心虽然一直被揪着，但情绪基本稳定。最后，营救队顺利赶到，结果除了那个报时间的旷工死了外，其他人全都奇迹般活了下来。

原来，那位有手表的旷工在刚开始的时候的确是准时汇报时间，但是当他发现同伴们的异常情况后，开始虚报：半小时说成15分钟；1小时说成是半小时；2小时说成是1小时……基于对这位工友的信任，大家的情绪始终没有太大的波澜，所以都在信念的支撑下活了下来。反观那位工友，因为知道"真相"，结果没有信念的支撑，最后被自己的心魔给逼死了。

内心的平静是我们执着于信念的主要原因。一个没有坚定信念的人，必定是虎头蛇尾、狂躁不安之人。信念是积极的，它可以消除某些负面的疑虑，从而让人有一个健康的心态。

著名的精神科专家斯迈力·布兰顿博士说过，倘若一个人缺乏或者丧失信念，那么就意味着他生命本身的终结。在他的《坐标》一书中，讲了这样一个故事："最近，我刚为一位女性做完一个大手术，她恢复得也很好。而且，在一次闲聊中，我获悉，她认为自己的婚姻相当完美。但是，在她手术完一个星期后，她的丈夫来到医院，向她提出了离婚的申请。一瞬间，她对自己美好婚姻的坚定信念顿时化为乌有。这个变故对她的打击实在是太大了，她渐渐地开始发烧，并减少饮食。没过几天，她就在长时间的昏睡中去世了。"

导致这位女士死亡的生理原因丝毫没有发现，或许对于她而言，信念的坍塌才是罪魁祸首。神经科的专家们曾经不止一次地这样告诫："假如你认为自己应该是一个奴隶，那么你就会像奴隶一样做事，一旦不那样做，你就会内疚；假如你认为自己是一个皇后，那么你就会像女王一样感受和行事。"这便是信念对一个人精神的影响，以及由此而带来的行为反应。

美国作家海明威说过："一个人并不是生来就要给打败的，你尽可以消灭它，却不能打败他。"一个人能否被消灭，属于能力的问题，能否被打败，则是信念的问题。所以说，即便你失败了，只要信念尚存，那么曾经击败你的人或事将变得不足为惧。

耐心是意志力的核心

中国有句老话叫"心急吃不了热豆腐。"其实，不管是对待工作上的事情，还是面对生活中的琐事，没有耐心，只会让自己陷入无穷无尽的烦恼之中。比如你追求一个心仪的女孩，几次接触下来，对方依然冷淡，结果你放弃了，其实那只是对方在考验你；接触一个客户，谈了好多次，但对方一直不愿意签合同，结果你放弃了，对方很快与你的同事合作了。

英国首相丘吉尔在牛津大学做过一次非常著名的演讲，他说："我的成功秘诀只有三个。第一是决不放弃；第二是决不、决不放弃；第三是决不、决不、决不放弃。"或许在这个世界上，真正成功和失败的人都不算多，最多的是那些中途放弃的人。他们之所以选择放弃，并非因为能力不够，而是因为耐心不足。

20世纪80年代，曾经世界排名第一的推销大师汤姆·霍普金斯即将告别自己的推销生涯。应行业协会和社会各界的邀请，他准备做一场告别演说。因为料想前来参加的人会有很多，所以会场就设在一个特大型的体育馆内。不过，汤姆·霍普金斯提出了一个条件：参加听讲的人约定为3000人，每人付出3000美金作为酬金，演讲的时间为1小时。

告别演讲的当天，会场座无虚席，人们在热切地、焦急地等待着，想一睹大师的风采，并看看他会向人群传达出什么样的销售理念。当大幕徐徐拉开，舞台的正中央吊着一个巨大的铁球。为了吊这个铁球，台上搭起了高大的铁架。

一位老者在人们热烈的掌声中走了出来，站在铁架的一边。观众惊奇地望着他，不知道他要做出什么举动。这时，两位工作人员抬着一个大铁锤，放在老者的面前。主持人这时对观众讲："请两位身体强壮的人到台上来。"好多年轻人站起来，转眼间已有两名动作快的跑到了台上。

老人告诉上台的年轻观众，让他们用这个大铁锤去敲打那个吊着的铁球，直到把它荡起来。

一个年轻人抢着拿起铁锤，拉开架势，全力向那个吊着的铁球砸去，一声震耳的响声，那吊球动也没动。他用大铁锤接二连三地砸向吊球，很快就气喘吁吁。另一个人也不甘示弱，接过大铁锤把吊球打得叮当响，可是铁球仍旧一动不动。

此刻，台下逐渐没了呐喊声，观众好像认定铁锤是不会动的，就等着老人解释。

会场恢复了平静，老人从上衣口袋里掏出一个重量不足50克的小锤，然后认真地面对着那个巨大的铁球，用小锤对着铁球"咚"地敲了一下，然后停顿4秒钟，再一次用小锤"咚"地敲了一下。老人就这样旁若无人似的，每4秒钟一下，每4秒钟一下……不停地敲了起来。人们奇怪地看着老人持续地敲着。

5分钟过去了，10分钟过去了，会场开始骚动，观众好像感到了什么，有的人喊了起来，用各种声音和动作发泄着他们的不满。这时候主持人走到前台，挥手对大家说："请保持安静，如果大家不愿意继续听下去，现在就可以退场，3000美金原数退回。"这个时候，大概有1/3的观众选择退出。老人仍然用小锤不停地工作着，他好像根本没有听见人们在喊叫什么。

又过了20分钟，台下又是一片骚动，人们发泄不满的声音愈发强烈了："我们是来听演讲的，就这样慢悠悠地敲下去不是在骗人吗？"饮料瓶子等物体也扔向了舞台。这时候主持人再一次走到前台，挥手对大家说："请保持安静，如果大家不愿意继续听下去，现在就可以退场，3000美金原数退回。"这个时候又退出了大概有1/3左右的观众，会场上出现了大块大块的空缺。留下来的人好像喊累了，会场渐渐地安静下来。而老人依然在非常认真地敲打着大铁球。

又过了17分钟，台下又是一片骚动，听众发泄不满的声音更加强烈了："我们要离开！退钱！"这时候主持人再一次走到前台，挥手对大家说："请保持安静，如果大家不愿意继续听下去，现在就可以退场，3000美金原数退回。"这个时候又退出了700多个听讲者，会场上只剩下不足300人了。汤姆·霍普金斯依然认真地面对着那个巨大的铁球，用他那不足50克重的小锤对着铁球，每4秒钟敲一下，并且动作愈发稳健和坚定。

临近演讲结束的时间越来越近了，坐在前面的一个妇女突然尖叫一声："球动了！"霎时间会场立即鸦雀无声，人们聚精会神地看着那个铁球。巨大的铁球以很小的摆幅动了起来，不仔细看很难察觉。老人仍旧一小锤一小锤地敲着，人们清晰地听到了小锤敲打吊球的声响。吊球在老人一锤一锤的敲打中越荡越高，它拉动着那个铁架子"咣、咣"作响，它的巨大威力强烈地震撼着在场的每一个人。终于场上爆发出一阵阵热烈的掌声，在掌声中，老人转过身来，慢慢地把那把小锤揣进兜里。向全场深深地鞠了一躬，说出整个演讲过程中唯一一句话：

"在成功的道路上，你没有耐心去等待成功的到来，那么，你只好用一生的耐心去面对失败。"

我们可以说，耐心是这个世界上最容易的事情，也可以说它是最难的事情。说它容易是因为，它只需要你静静地等待即可，不需要特别的脑力、体力；说它难是因为，没有几个人在耐心等待的时候，心不慌，脑不乱。

古希腊诗人荷马说过："决定问题，需要智慧，贯彻执行时则需要耐心。"这个世界上不乏智商超群的聪明人，但失败者的队伍里也充斥着大量这样的人。我们的一生中需要决定很多问题，也需要贯彻执行很多事情。所以，我们不仅需要智慧，还需要耐心。耐心不仅仅是规避阴暗心理的法则，也是成就人生的保障。

葡萄糖能够提高意志力

我们都知道，情绪是多种感觉、思想和行为综合产生的心理和生理状态。影响情绪的既可能是心理因素，也有可能是生理因素。作为控制情绪的"阀门"，意志自然也会受到很多诸如生理和心理等因素的影响。那么，具体都有哪些因素会影响一个人的意志呢？美国佛罗里达州立大学加里奥特教授等人在研究自制力的过程中发现：人体血液中的葡萄糖对个体的自制力有很大的影响。自我控制的行为，即意志力的使用会导致人体血液中葡萄糖含量的减少。这一方面解释了意志力的有限性，一方面也给我们另外一个启迪：通过摄取葡萄糖，可以提高一个人的意志力。为此，心理学家们近年来做了多项研究，而且确实证明了意志力和葡萄糖有直接关系。

实验1：

实验前，工作人员将参与实验的志愿者随即分成两组，其中一组喝了添加葡萄糖的水，另一组喝了添加代糖的水。代糖有甜味，但热量少，因而不能像葡萄糖那样给人提供能量。

喝完水后，两组志愿者被安排看一个无声的短片，短片内容是对一位女士的采访。实验要求志愿者通过观看短片，理解短片中女士的肢体语言，并在短片结束时报告给工作人员。除此之外，还要求志愿者在观看短片的时候，尽量忽略屏幕上闪过的一串串单词。另外，他们还被告知，如果发现自己的注意力不小心被单词吸引过去，要克制自己，把注意力重新转移到短片中的女士身上。

组织这次实验的心理学家认为，这种"控制自己不将注意力放在单词上"的思维行为，会导致意志力的损耗。但是，要想正确解释短片中女士的肢体语言，志愿者又必须控制自己的注意力才行。因此，假如葡萄糖是意志力的能量来源，那么喝了含有葡萄糖的水的志愿者应该能够更加准确地解释短片中女士的肢体语言。

最后，心理学家发现，喝了含有葡萄糖的水的那一组志愿者对女士的肢体语言解读的准确率相当高，而那组喝了代糖水的志愿者则在解读肢体语言时出现了很多错误。因此，心理学家认为，葡萄糖可以使个体损耗的意志力得到补充，从而提升自身的意志力。

类似的研究有很多，比如研究意志力的专家鲍梅斯特教授就曾经通过大量的实验证明了葡萄糖对意志力的重要作用。鲍梅斯特对个体实施自我控制前后的血液中的葡萄糖水平进行测量后发现，自我控制会使个体血液中的葡萄糖水平降低。实验2便是鲍梅斯特的实验。

实验2：

工作人员先让两组志愿者完成一项需要自我控制的任务，使他们的意志力被消耗。然后再让两组志愿者分别喝下含有葡萄糖和食品甜味剂（不含葡萄糖）的柠檬水。

一刻钟后，工作人员再次让两组志愿者完成一个需要意志力参与的任务。比较两组志愿者完成第二个任务的情况后发现，喝下含有葡萄糖的柠檬水的志愿者在第二个任务中表现非常好，而喝下不含葡萄糖的那组志愿者表现却很差。所以，鲍梅斯特等研究者认为，葡萄糖是意志力的能量来源。

虽然加里奥特和鲍梅斯特都证明了葡萄糖是意志力的能量来源，但是也有研究者提出不同观点。他们的研究显示，葡萄糖的代谢并不能够让人提高或者恢复意志力。不过，这两种观点的矛盾近来因为另外一项由美国佐治亚大学的研究人员设计并进行的实验得到了缓解。

实验3：

佐治亚大学的研究者招募了51名学生作为实验对象，进行了与前面两个实验相似的研究。研究者先让参与实验的学生志愿者完成一个简单的实验任务：将《统计年鉴》里所有的字母"E"都圈出来。因为实验太枯燥，所以志愿者们花费了很大的意志力来控制自己去完成任务。

任务完成后，研究者给志愿者们每人一杯水让他们漱口。不过，志愿者们拿到的水是不一样的。一半志愿者用的是放了糖的柠檬水，另一半志愿者用的是含有蔗糖素（一种甜味剂，不能被人体代谢，即不能提供热量）的柠檬水。漱口完毕后，志愿者又被分配了新的任务——斯特鲁普（Stroop）任务。志愿者会从一个屏幕上看到许多表示颜色的单词，如red（红色）、green（绿色）等。但是，这些单词本身的颜色和词义表达的颜色不同。比如red一词可能用绿色显示。研究者要求志愿者在看到一个单词的时候，立刻说出屏幕上单词的颜色，而非词义。

最后，通过两组志愿者在斯特鲁普任务中的反应速度和正确率，研究者发现：用含糖的水漱口的志愿者比用含蔗糖素的柠檬水漱口的志愿者表现得更好。

心理学家对实验3的结果进行了分析，认为人体的舌头上有能够识别出给人提供热量的葡萄糖的"糖感应器"。当葡萄糖经过舌头时，"糖感应器"被激活，向大脑中与自我控制相关的神经中枢发送信号。心理学家还认为，葡萄糖可能还会刺激大脑里的奖励机制，让个体"吃"到葡萄糖时，获得情感强化，从而在任务执行上表现得更好。

通过以上三个实验，心理学家基本上明确了这样一个结论：葡萄糖能够在一个人意志力耗尽时为其补充意志力，使其更好地完成需要意志力控制自己的任务。当然，这种任务也包括控制自己的情绪。所以，当我们感觉自己的情绪不佳时，除了注意饮食和休息之外，还应该合理利用甜品补充自己的意志力。比如在办公桌上放一些含糖的零食或者饮料，当遇到烦琐的工作，或者感觉压力增大时，可以通过"吃""喝"来调整自己的状态。

为你的欲望装上"杀毒软件"

人生在世，会遇到来自方方面面的诱惑，比如权势、地位、名利、金钱等。我们之所以会对诱惑缺乏免疫力，很大程度上是因为我们都有欲望。"人是欲望的产物，生命是欲望的延续。"欲望非但不会停止，还会伴随人的一生，并遗传给子孙后代。如果要让一个人的欲望停止，除非让其生命终结。

诱惑也好，欲望也罢，都是来自于人的大脑对外界产生的反应。和电脑一样，人脑在使用的过程中也会产生"病毒"。不良欲望就是其中最厉害的病毒，会扰乱人的正常思维和理性。如果不及时"杀毒"，那些失控的欲望就会导致很多荒谬的行为。

美国石油大亨保罗·格蒂曾经抽烟很厉害。有一次，他度假开车经过法国，天降大雨，开了几小时车后，他在一个小城的旅馆过夜。吃过晚饭，疲惫的他很快就进入了梦乡。深夜2点钟，格蒂醒来，想抽一根烟。打开灯，他自然地去抓睡前放在桌上的烟盒，不料里头却是空的。他下了床，搜寻衣服口袋，毫无所获，又搜索行李，希望能发现无意中留下的一包烟，结果又失望了。这时候，旅馆的餐厅、酒吧早关门了，他得到香烟的唯一办法是穿上衣服，走出去，到几条街外的火车站去买，因为他的汽车停在距旅馆有一段距离的车库里。

越是没有烟，想抽烟的欲望就越大，有烟瘾的人大概都有这种体验。格蒂脱下睡衣，穿好了出门的衣服，在伸手去拿雨衣的时候，他突然停住了。他问自己：我这是在干什么？格蒂站在那儿想，一个所谓的知识分子，而且是相当成功的商人，一个自以为有足够理智对别人下命令的人，竟要在三更半夜离开旅馆，冒着大雨走过几条街，仅仅是为了得到一支烟。这是一种什么样的力量？简直太可怕了！

很快，格蒂下定了决心，把那个空烟盒揉成一团扔进了纸篓，脱下衣服换上睡衣回到了床上，带着一种解脱甚至是胜利的感觉，几分钟就进入了梦乡。从此以后，保罗·格蒂再也没有拿过香烟。当然，后来他的事业越做越大，成为世界顶尖富豪之一。

一个人如果不控制欲望，那么他就会成为欲望的奴隶，任凭其摆布。很多人在说到控制欲望的时候，往往想到的是扼杀欲望。其实，这非但不现实，也没有必要。我们不是没有欲望，做人也不能没有欲望，但我们要有意志力，克服侥幸心理，保持清醒和理性，弄清楚自己想要的是什么，就能轻而易举地摆脱各种诱惑。

我们说为欲望装上"杀毒软件"，是一种形象的说法。其实，哪些欲望会催人奋进，哪些欲望会毁人于无形，我们都心知肚明，关键在于自律。所以，自律就是我们控制自己情绪的"安全卫士"。

杰克森·布朗有一句名言："缺少了自律的才华，就好像穿上溜冰鞋的八爪鱼。眼看动作不断，可是却搞不清楚到底是往前、往后，或是原地打转。而一个自律的人则敢于面对来自各方面的一次次挑战，不轻易放纵自己，哪怕它只是一件微不足道的事情。"古语云"勿以善小而不为，勿以恶小而为之。"其实，我们也应该有这样的觉悟。轻易放纵自己，就是对自己的不负责任。

相信自己，一切皆有可能

小泽征尔是世界著名的交响乐指挥家。在一次世界优秀指挥家大赛的决赛中，他按照评委会给的乐谱指挥演奏，敏锐地发现了不和谐的声音。起初，他以为是乐队演奏出了错误，就停下来重新演奏，但还是不对。他又觉得是乐谱有问题。这时，在场的作曲家和评委会的权威人士坚持说乐谱绝对没有问题，是他错了。面对一大批音乐大师和权威人士，他思考再三，最后斩钉截铁地大声说："不！一定是乐谱错了！"话音刚落，评委席上的评委们立即站起来，报以热烈的掌声，祝贺他大赛夺魁。

原来，这是评委们精心设计的"圈套"，以此来检验指挥家在发现乐谱错误并遭到权威人士"否定"的情况下，能否坚持自己的正确主张。前两位参加决赛的指挥家虽然也发现了错误，但终因随声附和权威们的意见而被淘汰。小泽征尔却因充满自信而摘取了世界指挥家大赛的桂冠。

大师之所以是大师，除了高超的个人能力之外，自信也是他们身上普遍存在的共性。小泽征尔如果不够自信，就会落入评委的"圈套"，最后只会与那次大赛的冠军失之交臂。至于以后是否能够成为大师，恐怕也成了未知数。不过话又说回来，小泽征尔的自信也不是凭空想象出来的，而是建立在自己过硬的个人能力之上。所以，这为我们所有渴望建立自信的人指明了方向：拥有过硬的一技之长。当然，要想拥有一技之长，自然少不了勤学苦练，在这一方面，海伦·凯勒可以说是我们的典范。

海伦·凯勒在一岁多的时候，因为生病，从此失去了视力和听力。因为这个原因，海伦的脾气变得非常暴躁，动不动就摔东西。她家里人看这样下去不是办法，便替她请来一位很有耐心的家庭教师莎莉文小姐。海伦在她的熏陶和教育下，逐渐改变了。她了解每个人都很爱她，所以不能辜负他们的期望。她利用仅有的触觉、味觉和嗅觉来认识四周的环境，努力充实自己。

在学习与记忆的过程中，她只有一个信念，就是把自己所学习的知识记下来，使自己成为一个有用的人。她每天坚持学习10个小时以上，凭着长时间的刻苦学习，以及不屈不挠的信心，她掌握了大量知识，能熟练地背诵大量诗词和名著的精彩片段。后来，一本20万字的书，她用9个小时就能读完，并能记忆下来，说出每章每节的大意，还能把书中精彩的句、段、章节和自己对文章的独到见解在2小时之内写出来。海伦的记忆力已经大大超过了普通人的正常水平。为了提高学习的效率，海伦还把自己的学习分成4个步骤：

1. 每天用3个小时自学。

2. 用2个小时默记所学的知识。

3. 再用1个小时的时间将自己用3个小时所学的知识默写下来。

4. 剩下的时间她运用学过的知识练习写作。

有了充足的知识后，她后来更进一步学习写作。几年后，当她的第一本著作《我的一生》出版时，立即轰动了全美国。海伦·凯勒虽然看不见，但是她能克服不幸，完成大学教育。后来更致力于教育残疾儿童的社会工作，这种努力上进的精神，实在值得我们学习，海伦·凯勒可谓身残志坚。

海伦·凯勒之所以能够取得如此大的成就，和她的老师安妮·莎莉文分不开。有人说，是莎莉文老师改掉了海伦·凯勒暴躁的脾气，才让她在日后取得了巨大的成就，也有人说，是莎莉文老师给海伦·凯勒灌输了相信自己的信念。事实上，脾气和自信本来就是水火不相容的。当一个人自信的时候，他自然很少发脾气。同理，当一个人能够控制住自己的脾气后，自然也更自信。当然，有自信，没有付出，一切都等于零。像海伦·凯勒这样身体严重残疾的人都可以通过建立自信来约束情绪，走向成功，那我们这些身体健康的人更没有理由因为一点小小的伤痛或者挫折而自甘堕落了。

第四章
▼
好习惯好心情，坏习惯坏情绪
▲

好习惯是好情绪的源头活水

1978年，75位诺贝尔奖获得者齐聚巴黎。有人问其中一位诺奖获得者："你在哪所大学、哪所实验室里学到了你认为最重要的东西呢？"出人意料，这位白发苍苍的学者回答说："是在幼儿园。"这人又问："在幼儿园里学到了什么呢？"学者答道："把自己的东西分一半给小伙伴们；不是自己的东西不要拿；东西要放整齐，饭前要洗手，午饭后要休息；做了错事要表示歉意；学习要多思考，要仔细观察大自然。从根本上说，我学到的全部东西就是这些。"

这位学者的回答，代表了与会科学家的普遍看法。把科学家们的普遍看法概括起来，就是他们认为终生所学到的最主要的东西，是幼儿园老师给他们培养的良好习惯。虽然学者没有提到情绪，但我们都知道要想在科学领域取得突破，除了必要的激情之外，也少不了平和的心态。那么，平和的心态从哪里来？事实上，没有比稳定的情绪更能够维持一个人心态的平和。习惯并没有直接促进一个人的成功，而是经过了情绪的转化。如果没有情绪这一中介，习惯的价值将会大打折扣。

俄国教育家乌申斯基说过："良好的习惯乃是人在神经系统中存放的道德资本，这个资本不断增值，而人在整个一生中都享受着它的利息。"确实如此，习惯是一个人独立于社会的基础，在很大程度上决定着一个人的工作效率和生活质量，进而影响人一生的幸福。因此，培养好习惯是控制情绪的第一步。

美国著名演讲家罗宾·西格尔说过："性格是人的一切习惯的总和。"如果一个人有各种各样的好习惯，那么人们就会认为他有良好的性格，也会有好的情绪；如果一个人有很多不良习惯，那么人们就会普遍认为他的性格不好，而且情绪也很糟。透过生活中无处不在的习惯，我们会发现习惯通常和人的性格、情绪息息相关。

有收藏习惯的人一般都会对生活有着较高的要求。除了基本的家庭和睦、事业有成之外，他们也很在乎休闲生活的丰富性。一般来说，收藏爱好者会根据个人爱好将某一类物品收集、保管。他们渴望通过对这些物品的收集，增长见识，开阔视野，提升自己对美的感悟。这类人很少会有无聊的时候，人们也很少在他们的脸上看到忧愁之类的表情。可以说，只要能够满足他们对收藏的爱好，他们就会展现出一种"宅心仁厚"的心态。

喜欢读书、写作往往可以陶冶一个人的情操，让人充满智慧。英国文艺复兴时期的散文家弗朗西斯·培根说过："读史使人明智，读诗使人灵秀，数学使人周密，科学使人深刻，伦理学使人庄重，逻辑修辞使人善辩，凡有所学，皆成性格。"所以，有读书习惯的人为人处世都会更成熟，更聪慧。

对于有些人来说，喝茶只是为了解渴，但是对那些会品茶的人而言，喝茶更是一种精神上的享受。喝茶的习惯能够让他们咂摸出许多文化韵味和审美情趣。唐代诗人卢仝曾经在一首名为《走笔谢孟谏议慧寄新茶》的诗中这样写道："一碗喉吻润，两碗破孤闷。三碗搜枯肠，唯有文字五千卷。四碗发轻汗，平生不平事，尽向毛孔散。五碗肌骨清，六碗通仙灵。七碗吃不得也，唯觉两腋习习清风生。"据说这首诗是卢仝品尝友人谏议大夫孟简所赠新茶之后的即兴作品，其中流露出的性情可见一斑。

就像读不同的书会对我们的心智产生不同的作用一样，养成不同的习惯也会对我们的情绪产生不同的影响。所以，不要等到情绪爆发的时候才想到自己看书少，而应该提前有意识地养成阅读的好习惯。一旦好习惯养成了，那么我们的好情绪就像是有了源头的活水。

都是拖延惹的祸

美国著名政治家富兰克林说过这样一句关于时间的名言："如果有什么需要明天做的事，最好现在就开始。"这句话言简意赅，意思就是让我们做任何事情都要立足现在，不可拖延。反观现实生活中的人们，拖延似乎已经成为很多人工作、生活的常态。根据一项调查显示，大约75%的大学生认为自己有时拖延，50%认为自己一直拖延。拖延症研究专家、美国芝加哥德保尔大学心理系副教授费拉里和加拿大渥太华卡尔顿大学心理系副教授帕卡，分别统计了相关数据后，推算出全球可能有近10亿人患有拖延症。

说到拖延的危害，曾经有人这样形容：杀人不闻声，时时受其扰。确实，从精神层面讲，拖延会使人压力增大，倍感煎熬。另外，它还会让拖延者背上沉重的心理负担，进而导致愧疚、自责、烦躁、悔恨等负面情绪。这些负面情绪又会导致人们工作效率低下，从而让人们在其他事情上又陷入拖延，直到最后进入一个可怕的恶性循环。

李玲是个很喜欢弹钢琴的女孩，这种爱好曾一度让她立志成为像郎朗那样出名的钢琴师。高中时，她想让父母给报一个钢琴班，这样或许还可以在高考的时候作为艺术特长为自己加分。当她把这个想法告诉父母时，父母没有赞同，但也没有反对，只是建议她到大学里依然可以学。

就这样，李玲把这个兴趣一直藏到心里，直到高考结束。进入大学后，因为要忙着军训，她便想等军训结束后再学习钢琴也不迟；正式开始上课后，因为课程较多，李玲又把学习钢琴的计划推迟了；等渐渐适应了学校的课程安排后，她也有空闲时间了，却又忍不住诱惑，被同学拉着参加各种各样的社团。有好几次，她都把有关钢琴的书从图书馆借来，但总是感觉没时间看，结果一拖再拖。时间一晃，4年的大学生活就这样结束了。当李玲踏出校门，想起自己曾经那个学钢琴的梦想时，满脑子的懊悔。她甚至怀疑这一切是不是真实的，因为她竟然在这四年连一本完整的钢琴书都没看完，更别提认真学习钢琴了。

毕业后，李玲依托家人的关系，在老家找了一份不错的工作。有一次，她去同事家里聚餐，看到同事5岁的女儿坐在客厅弹钢琴时，顿时被吸引住了。如今，她已经不再相信自己能够练好钢琴了。

或许，正是从那一刻开始，李玲意识到自己的梦想其实早就破碎了，近几年伴随自己的只是一种假象。那么，这个假象是如何"成真"的呢？其实，无外乎两个字：拖延。

贝多芬说过："那些你没有学习到任何有用事物的日子，都是白白浪费掉的日子。没有比光阴更有价值的东西了，所以千万不要把今天应该做的事情拖延到明天去做。"

拖延可能只是始于一个小小的惰性思维，但当它成为一种习惯时，就会消磨人的心智，吞噬人的健康。到最后，当你发现你的初衷已经成了遥不可及的梦想时，你的情绪就会低迷，整个人也可能会颓废。所以，任何小看拖延症的思维，都是极其危险的。那么，该如何应对工作、生活中的拖延症呢？以下是一些行之有效的办法。

从简单的事情开始做起

俗话说："万事开头难。"如果一开始就受挫，很容易打击一个人工作的积极性和自信心。所以，保险起见，最好从一些简单的或者自己擅长的事情着手，作为热身，这样更容易善始善终。

从喜欢的工作开始做起

对任何人而言，做自己感兴趣的事情终究是件很轻松的事情。所以，当你还在犹豫不决的时候，不妨从自己喜欢的工作开始做起，哪怕只做十几分钟也可以。一旦开始，接下来做其他的工作就会格外顺畅。

巧用便利贴

当工作比较繁多的时候，人就很容易手忙脚乱，结果就是这里忙一下，那里忙一下，到最后哪个都忙不完。为了规避这种情况的出现，可以把当天要完成的工作写在便利贴上，并按照轻重缓急进行排序，然后贴在诸如电脑、桌面等显眼的地方。这样，你就可以有条不紊地进行工作了。

通过感谢鼓励自己

导致人们拖延的原因多种多样，但大体上可分为两类：身体上的习惯性懒惰，心理上的间歇性低迷。如果属于后者，通常需要来自他人的鼓励。如果没有来自外部的鼓励怎么办？事实上，自己对自己说声"你很棒""谢谢"之类的话语，也可以起到鼓励的效果。这种办法听起来有些儿戏，但当你用心去做的时候，就会发现它的妙处。

模仿高效率的人

很多拖延症患者之所以拖延，是因为他们的工作效率过于低下，长此以往，就会失去动力。所以，要想改变拖延的习惯，一个比较实用的办法就是看看身边那些高效率的人都是怎么工作的。

如果你感觉模仿他们的方法很难，没关系，强迫自己先模仿一天。当你有了高效率的体验时，高效率的习惯就会向你招手，而拖延的毛病也就会从你身上消失。

不顺利的时候就休息一会儿

很多性格倔强的人在遇到不顺心、难办的事情时，往往揪着不放，喜欢钻牛角尖。事实上，这样只会适得其反。假如可以转换一下心情，在一个阶段的工作结束后先休息一下，效果就会大不一样。

活动身体

当懒成为一种习惯的时候，它就会在人的身上扩散，辐射到各个方面。比如你原本只是不想起床，但如果总是放任自己的思想、行为，慢慢地你就会发现，自己也不想上班，不想运动。所以，当你发现自己有任何懒惰的时候，一定要提高警惕，必要的时候做些简单的运动，活动一下自己的身体。身体动起来了，精神就会变好，人做起事来也会更加勤快。

好情绪是可以计划出来的

苏联作家高尔基说过这样一句话："我们若要生活，就应该为自己制造一个充满感受、思索和行动的时钟，用它来代替这个枯燥、单调，以愁闷来扼杀心灵，带有责备意味和冷冷地滴答着的时间。"不可否认，我们每个人每天拥有的时间都是相同的，但是对不同的人而言，时间的长度和宽度却大不相同。如果一个人能够合理地安排自己的时间，他的生活就不会枯燥、单调。相反，越是那些不会管理时间的人，他们生活中的琐事也就越多，烦恼也就越多，情绪也就越糟糕。简言之，情绪和一个人是否能够合理安排自己的时间有着极大的、直接的关系。所以，要想管理自己的情绪，就应该为自己制订一份合理的计划表。

做一份计划表，有利于培养良好的生活习惯。所以，如果你真的想控制自己的情绪，就从现在开始，合理安排时间，在有限的时间内做最有效的事情。当然，计划表不是一拍脑袋，立马就可以做出来的，它也需要遵循一定的步骤和规律。

首先，在制订计划表之前，我们要检查自己已有的作息习惯。因为这些长期形成的习惯势必会支配我们的行动，阻碍计划的执行。另外，在检查已有的习惯时，应该秉承这样的原则：好习惯就继续坚持，不好的习惯坚决改正。你可以给自己一个星期的时间来自我观察，随时记录当时你正在进行的具有一定代表性的活动。比如，你在一天中什么时间精力最好，什么时间最容易犯困。一旦知道这些，你就可以在接下来的工作安排中有一个准则：把艰难的工作放在精力充沛时去做；把容易的工作放在精力欠佳时去做。这样观察一周后，你就可以根据自己的日程，制作一份科学的时间表。

其次，制订计划，列成清单。我们都知道"凡事预则立，不预则废"，做好计划就是要把现在和以后应该做的一切事情排成计划表，并按时完成。但是，制订计划并非盲目地给自己定一些不切实际或毫无针对性的目标。这样的计划非但对你的情绪没有任何益处，甚至还会误导你的人生。

制订计划时，可以把目标分成长期目标和短期目标。比如，你以一个星期为小周期，以一个月为大周期，这样循序渐进，就能顺利完成任务，避免因为目标太艰巨而中途放弃。爱因斯坦说过："时间并非实在之物，只存在于人的主观观念中。"所以，当我们在说时间管理的时候，其实并不是在说时间，而是"事件的优先级"。因此，在制订计划、列清单的时候，要按事件的轻重缓急安排时间的先后。有人说："80%的时间要做回报最高的事情，20%的时间做其他事情。"因此，保证自己在合理的时间做最重要的事情，才能使时间更有意义。

再次，摆正心态，从大局着想。人都是感性动物，每个人也都有自己的好恶。很多对自身发展有利的事情，未必就符合自己的兴趣或心境。比如"考研党"在图书馆背单词，上班族熬夜加班等。此刻，最正确的做法就是摆正心态，从大局着想，告诉自己："背完这些单词，以后就再也不用学它了。""虽然加班很辛苦，但老板会更加器重我，并给我升职加薪。"当然，如果兴趣、心境能够与所制订的计划、目标相吻合，那么做起来就会更加得心应手。所以，制订计划时，尽量将兴趣与目标靠拢，这样才能达到事半功倍的效果。

最后，立刻执行。我们常说"万事开头难""良好的开端是成功的一半"。很多人之所以失败，并不是因为能力不够，而是因为一开始就打退堂鼓。多年养成的习惯在短期内改变确实不易，不过越是在这个时候越考验人的意志。做事拖拖拉拉只会让人失去锻炼的机会。所以，你唯一需要做的事情就是按照清单上的计划，立刻执行。

美国著名管理学大师杜拉克说过："不管理时间，便什么也不能管理。"为自己做一份合理的时间计划表，不仅能帮你管理好情绪，还能帮你管理好自己的人生。

睡眠好，心情才会好

　　说到不良习惯，似乎没有比熬夜更普遍的了。事实上，随着生活节奏加快，工作压力增大，熬夜几乎成了现代社会的一个标签。根据相关统计数据显示，我们国家每100个人中就有22个过了24点还不睡觉。而且，31.2%的中国人存在着严重的睡眠问题。如果你曾经彻夜未眠，就应该很了解缺乏睡眠的后果：注意力难以集中，无法进行有效的思考，记忆力衰退。事实上，当你超过24小时都没有睡觉的时候，你的精神将会受到损害，而且这种损害和血液中有0.1%的酒精带来的损害相当。根据交通法规，如果你血液中的酒精含量超过0.08%，就不能开车了。那么，睡眠不足的危害仅仅如此吗？当然不是，事实上，睡眠不足还会引起诸多生理以及心理上的问题。以下是睡眠不足可能产生的问题。

胃肠道问题：熬夜的人，剥夺了胃肠道休息的机会，可能引发消化性胃溃疡、十二指肠溃疡、功能性消化不良、腹胀、腹痛等病症。

诱发心脑血管疾病：熬夜时人处于紧张状态，得不到放松，造成血管收缩异常，血压比正常人高，容易诱发高血压。现在心脑血管疾病发病率逐渐增多且越来越年轻化，常熬夜或是诱因之一。

提高患癌风险：熬夜会让内分泌激素水平紊乱，使细胞代谢异常，影响人体细胞正常分裂，导致细胞突变，提高患癌风险。

影响视力：熬夜等于是超负荷用眼，对眼睛的伤害不仅仅是变成"熊猫眼"，更重要的是，长期熬夜、超负荷用眼，会导致视力功能性减退。

失眠抑郁：熬夜伤身也伤神，许多年轻人晚上不睡，白天发困，久而久之就会出现神经衰弱等问题，严重的甚至会导致抑郁症的发生。

皮肤严重伤害：不规律的睡眠及压力会影响内分泌代谢，造成皮肤水分流失，容易导致出现皱纹、皮肤暗淡、长暗疮、黑眼圈加重等，尤其是上完妆后情况会更糟。

不管是上面提到的肠道问题，还是皮肤问题，都肯定不会给人们带来任何哪怕一点点的正面情绪，更不用说睡眠不足会导致失眠抑郁了。所以，想要获得一个好情绪，充足的睡眠是必不可少的。

那么，什么样的睡眠才是科学的呢？

第一，调整好自己的生物钟。

我们都知道，生物体内的一种无形的"时钟"，也就是我们常说的生物钟。按照生物钟来安排一天、一周、一月、一年的作息制度，能提高工作效率和学习成绩，减轻疲劳，预防疾病，防止意外事故的发生。反之，人的身体会感到疲劳、精神感到不舒适等。失眠者，多是生物钟发生紊乱造成的。长期失眠使人体力衰退、头昏头痛、皮肤干燥、眼圈发黑，免疫功能也会随之下降，有的还会诱发抑郁症、焦虑症等精神疾病。

第二，睡姿以右侧睡为佳。

中医学认为：正确的睡姿应该是向右侧卧，微曲双腿。这样，心脏处于高位，不受压迫；肝脏处于低位，供血较好，有利新陈代谢；胃内食物借重力作用，朝十二指肠推进，可促进消化吸收。同时，全身处于放松状态，呼吸匀和，心跳减慢，大脑、心、肺、胃肠、肌肉、骨骼得到充分的休息和氧气供给。当然，对于一个健康人来说，大可不必过分拘泥于自己的睡姿，因为一夜之间，人往往不能保持一个固定的姿势睡到天明，大多数人都在不断变换睡姿，这样更有利于缓解疲劳。

第三，选择适宜的枕头。

一般认为，枕头的高度最好与人的一侧肩膀的宽度相仿。成人约为10厘米，儿童约为5厘米，过高过低都不好。正常人的颈椎骨具有向前微凸的生理性弯曲，枕头必须适合颈椎的弯曲度，才能使颈部肌肉松弛，肺部呼吸通畅，脑部血液供应正常，保证睡眠具有充分的舒适感。枕头过高或过低，可能导致颈椎前凸变直，肌肉紧张，麻木疼痛，睡不安宁。枕头过高，还可能影响呼吸，造成打鼾。

睡觉时最好用硬枕头，硬枕头与颈部接触发生的按压，相当于按摩或针灸。枕头应随着季节变换而转换，夏天宜用散热较快的枕头。也可以采用药枕，枕头中的药物能渗入头部穴位而起到防病、治病的作用。

第四，最好的床是木板床。

睡木板床可以保持脊椎基本上处于正常的生理状态。脊柱（俗称脊梁骨）是人体的主干，如果长期睡软床，脊柱周围的韧带和椎间各关节的负荷增加，生理弧度加大，久而久之，将会引起腰背肌劳损而发生疼痛，或使原有劳损的症状加重。老年人多有脊椎退行性变化，睡软床更是弊多利少。木板床也不是越硬越好，硬床上最好铺上一定厚度的软垫，有舒适保健之功效。

第五，保证黄金时段的睡眠。

科学研究表明，人的睡眠黄金段在凌晨0～3时，这个时间如没有特殊情况，要让睡眠得到保证。原因在于在这个时间段，人的生理反应，包括体温、呼吸、脉率以及全身代谢都降到最低，肾上腺素及副肾皮质激素也处于最低值。因此，从神经激素的周期来看，凌晨0～3时是最有效率的睡眠时间。中医理论认为睡眠的机制是阴阳交替的结果，子午之时，阴阳交接，人体内气血阴阳极不平衡，必须静卧，以候气复。

关于睡眠，还有一个问题需要我们重点关注：每天睡多久最合适？有人认为是8小时，也有人认为是7小时、6小时。其实，并没有严格意义上的最佳时间，具体还要因人而异。比如，我们人群中有5%～10%属于短睡眠者，睡眠时间只需要6小时左右，还有2%的男性和1.5%的女性属于长睡眠者，睡眠时间可能在9～10小时或更长，所以很难用8小时或7小时的睡眠时间去界定全部成年人所需的睡眠时间。

　　不过，关于睡眠人们还常有这样一个误区，就是企图通过补觉来弥补睡眠不足。比如现在年轻人流行的"平时通宵，周末狂睡"。然而，现在很多科学家已经论证，我们失去的睡眠是补不回来的。另外，睡多了之后，人处于浅睡眠状态，睡眠效率低，醒了之后也不解乏。而且，补觉只限于短时间睡眠缺乏，如果持续数十天睡眠不够，就会使身体处于疲惫状态，对身体造成的伤害就补不回来了。

　　人的心情和情绪是息息相关的：情绪好，有利于睡眠；情绪糟，影响睡眠。所以，从现在开始，要重视自己的睡眠，就像重视自己的情绪那样。情绪控制，要从科学睡眠做起。

别让口头禅成为左右情绪的咒语

这个世界上总是会有一些事情刺激我们的神经，比如严重的雾霾天、虚假的新闻、领导的批评等。面对这些不如意的事情，很多人为了疏解自己心中的愤懑，总是不由自主地说些充满负能量的口头禅，比如"烦死了""唉""郁闷"等。一旦有了这个习惯，就会像上瘾一样，往往脱口而出，不能自制。其实，有些口头禅背后都隐藏着一定的心理问题。

心理学家经过研究发现，如果一个人频繁使用同一个动作或者说同一句话，就会在大脑中形成连续的影响，继而促使大脑将其定位为生活的一种习惯。所以，如果诸如"郁闷""气死我了"之类的负面词汇成为我们的口头禅，那么但凡有一点烦心的事情发生，都会在它的催化作用下变得严重起来。有人甚至说，消极的口头禅就像是咒语一样，如果频繁使用，它们往往会"显灵"。

当你经常把负面口头禅挂在嘴边时，它就会起到一定的心理暗示作用，即你的情绪会受到这些想法和话语的影响，或者因为口头禅而产生消极的条件反射。

虽然也有一些积极正面的口头禅，但调查显示，负面以及中性的口头禅占绝大部分。口头禅反映了一个人或群体的社会心态，说明现代社会的多元性让人们的生活与思考都处于一种松散、不成熟的状态，却不得不面对骤然增加的社会压力，只好通过口头禅等方式来释放与宣泄。消极的口头禅对于个人来说，也许能达到一种心理宣泄的作用，但毫无疑问，它也会影响身边人的情绪。

张莉有个顾家的丈夫，还有个聪明伶俐的儿子，一家三口其乐融融。不过，张莉这几天心情很郁闷，因为原本活泼好动、做什么事都不服输的儿子最近有些萎靡不振。原来，因为工作上的事情，张莉经常加班，平时和孩子沟通交流的时候总是把自己的不满情绪挂在脸上。结果，那个原本已经半年没用的口头禅"烦死了"又回到了她身边。这样的口头禅非但对她处理工作没有任何益处，反而把她的情绪转移到了孩子身上：儿子稍微有点小问题，她就会很生气。一生气，张莉就烦，口头禅也不由自主地出来了。在母亲的"言传身教"之下，儿子学得很快，没过多久就学会说"烦死了"。

儿子不仅嘴上学着说，还非常懂得"实践"。不想吃饭，就说"烦死了"；想上厕所，也说"烦死了"；找不到玩具，还说"烦死了"。更严重的是，当张莉的儿子和邻居家的小朋友一起玩耍的时候，还是时不时说"烦死了"。结果，其他小朋友都不怎么主动找张莉的儿子了。即便勉强把他们凑到一起，也是别的小朋友一起玩，留下张莉的儿子孤单单一个人在那里。

看到儿子的情绪越来越低落，张莉意识到了问题的严重性。她特意给自己下了一个"军令状"，保证以后再也不说"烦死了"，还让丈夫监督自己。就这样，两个星期过去了，张莉果然戒掉了那个充满负能量的口头禅，还顺带也帮儿子改正了。没过多久，张莉的儿子就又回到了小朋友们中间。

张莉一开始没有认识到负面口头禅的危害，结果先是自己"中毒"，紧接着又传染给儿子。还好她反应比较快，及时矫正了自己的不良习惯，同时也治愈了儿子。在现实生活中，还有很多这样的例子，他们习惯通过这种方式发泄郁闷，企图让情绪得到暂时的缓解。但是，这种方式非但无助于问题的解决，还会孤立自己，伤及他人。

烦死了

有些口头禅或许听上去不那么负面，比如"随便""不知道"等。不过，它们其实反映的也是放弃自我选择、消极拒绝等心态。"随便"隐藏着"错了别怪我，和我没关系"这样推卸责任的潜台词。不管别人问什么，都先回答"不知道"，同样是缺乏责任感的表现。还有些中性的口头禅是没有任何意义的，比如"然后""嗯""这样"等。真正好的语言是干净、符合逻辑、准确、客观的，加进琐碎的东西，不但让人听了不舒服，而且是对语言的污染。

其实，每个人都有调节自己心情的能力，有的人善于通过自我分析找到问题的源头，并对症下药，从而让自己得到解脱；有些人只会埋怨和推卸责任，结果让自己的生活陷入阴暗潮湿的泥潭而无法自拔。所以，从现在开始，尝试换一种积极的口头禅，比如"太棒了""给力"等。一旦这样的口头禅成为你的习惯，你就会发现自己就像是换了一种心态。有人会发现，这样的口头禅有点类似于赞美。不过话又说回来，谁说赞美的话就不能成为口头禅呢？所以，当你想摆脱负面情绪的时候，尽管赞美自己就是了。

找借口也能上瘾

美国西点军校有一个传统，学员遇到军官问话时，只能以四个方式回答："报告长官，是。""报告长官，不是。""报告长官，不知道。""报告长官，没有任何借口。"除此之外，不能多说一个字。其中，"没有任何借口"是西点军校建校几百年来最重要的行为准则，也是西点军校传授给每一个学员的理念。正是因为这一理念，使得无数个西点军校毕业的学员后来在人生的各个领域取得了非凡的成就。

问题是，军校的理念同样也适合我们这些纪律观念比较散漫的普通人吗？答案是肯定的。其实，很多人正是因为在生活中为自己找了太多的借口，结果让自己变成了一个消极的人。另外，当找借口成为一种习惯时，人的精神就会低迷，情绪也很不稳定。

借口分为合理的借口和不合理的借口，它们都是从现实中衍生出来的。倘若你的膝盖受伤了，并以此为借口不想参加比赛，那么这就是合理的借口；倘若你的膝盖已经好得差不多了，但因为害怕失败才借故不参加比赛，那么这就属于不合理的借口。当然，有时候你知道自己逃避的原因，那么"我要加班，因此无法陪你去看电影"这样巧妙的借口或许是最得体的欺骗，最好不要直白地告诉对方"我不喜欢你以及你提出的看电影的建议"。偶尔可以编造圆滑的借口，但是当它成为一种习惯的时候，就会潜移默化地让人的心理变得越来越消极。

不管出发点是什么，爱找借口的习惯都会让我们的思想变得麻木，甚至会变得越来越狡诈。比如当我们辩解说因为看到交通灯是绿色的时候才过马路，实际情况有可能是交通灯正在变色，而你却想加快脚步碰碰运气；你明明是看到室内没有人监管才抽烟，却辩解说自己没有看到墙上挂的"禁止吸烟"的标志。

很多时候，我们明明知道自己的行为不对，却依然将自己的借口合理化。不排除有些人相当聪明，可以说出一些让人一时半会无法反驳的借口，但也有些貌似合理的借口一眼就可以被看穿。一个人如果把找借口的口才艺术发挥到极致，那么这个人就处在神经过敏症的边缘。从主观上来讲，这种人不会承认自我心理与其他人有什么不同，其实，那只是他们为了达到自我欺骗的目的罢了。这些人总是活在自己假想的世界里。他们可能意识不到，他们将因为自我欺骗而去崇拜一个虚假的自尊形象。一旦错误地建立起这一形象，就会在精神上取代他们真正的自尊和真实的自我。

心理学家弗洛伊德用自我的理想主义、自恋和超自我来称呼这种沉湎于幻想的行为；阿德勒则用努力争取优越感来称呼它；侯梅博士用理想化的意象来称呼它，而且认为，这种沉迷于幻想的行为是唯一令当事者不再自卑的元素。有这种妄想症的人会习惯用各种合理化的方式欺骗自己，并企图用虚假的面具愚弄他人。这种妄想就像是人的"心瘾"一样，不仅会误导自己的理智，还会产生离奇的偏见。比如，谨慎在自己身上是谨慎，但在别人身上就是多疑；理智在自己这里是理智，到别人身上就成了固执。

如同很多人总是拿自己心目中的形象作为自己的形象一样，很多人也会对那些他们崇拜的人赋予美德。在假想的过程中，他们无法看清自己，更不用说看清别人了。他们很少尝试，却总是不停地想象。当有一天幻想破灭的时候，要么回心转意，要么就像是走火入魔的疯子一般，继续为自己的行为寻找借口。

寻找借口，说得好听点叫为自己辩护，说得不好听就是自欺欺人，是一种懦弱的表现。有时候，即便我们寻找的借口在当下是合理的，但从长期来看是对自己不负责任。就像吸毒一样，或许当下很舒服，但最后更大、更持久的痛苦需要自己承担。一旦找借口成为自己身上的一种习惯，就会像是染上了毒瘾一样，当时很痛快，过后将会面临更大、更持久的痛苦。

经常冥想，唤醒内心强大的力量

史蒂夫·乔布斯是苹果公司创始人，他因为创造出了多款不断刷新人们对电子产品认知的电脑、手机，广为世人赞誉。即便是今天，在他已经去世了6年之后，其影响力依然很大。当然，很多人对于乔布斯的认知更多地停留在他领导开发的产品上，而不是他这个人本身。这时，有一个问题就会很自然地呈现出来：究竟是什么样的头脑能够引领如此多划时代的创新？此时，我们就不得不谈谈乔布斯曾经运用禅宗专注力冥想来减轻压力，提高思维清晰度和创造力的事迹。

FT网曾经报道，乔布斯生前曾详细阐明锻炼"自律"的方法。传记作家Walter Isaacson引用了乔布斯的一段话："如果坐下思考，你会发觉自己的思维纷繁复杂。如果试图平息思绪，只会适得其反。但随着时间的推移，思维会渐渐平静，你也就能够听到更加细微的声音。这时你的灵感开始绽放，你能够更加清晰地看待事物并活在当下。你的思维会变得缓慢，当下这刻会无限拓展，你会比之前意识到更多东西。"

乔布斯的话的确可以从一种特定的冥想方式中找到根据，这种冥想通常叫作"专注力冥想"，曾在佛教禅宗和中国道教中出现。乔布斯去世之前和Isaacson谈话时说自己已练习这种冥想多年。不管怎样，乔布斯在思维领域和电脑领域的成就远远超越当时的时代发展这一事实，就足以证明冥想对于他本人的价值。

众所周知，乔布斯年轻的时候，脾气相当暴躁，而且在早期的苹果公司甚至有点独断专行。正因为如此，他最后被自己一手创办的公司给解雇了。在短暂低迷了一段时间后，乔布斯迅速恢复了以往的"神勇"，皮克斯动画工作室便是他继创办苹果之后的又一杰作。当乔布斯再次回归苹果之后，我们看到的乔布斯不但创造力依然一流，而且更加成熟稳重。事实上，让他做出这些改变的不仅仅是阅历，更是他对专注力冥想的不懈坚持。如今，我们不管是看乔布斯的传记，还是在百度搜索乔布斯这个人，都会看到乔布斯盘腿打坐的照片。

根据《科学美国人》的权威报道，最新的神经科学研究成果证实，对身心皆有益处的冥想技巧已存在数千年之久。不过，它在全世界开始流行则始于20世纪70年代。所谓冥想，就是放空自己，给大脑放个假，让心思空无一物。心理学上认为，冥想属于一种心灵自律行为，是实现"入定"的重要途径。冥想时，一切知性、理性的大脑皮质作用都被迫中止，从而让自主神经呈现异常活跃的状态。这个时候，因为大脑叫停了意识对外的一切活动，所以人就相应达到了一种"忘我"，甚至"无我"的状态。

说到冥想，很多人都会把它和宗教联系到一起，进而怀疑它的科学性。

其实，这样的担忧完全没有必要。美国卡耐基-梅隆大学的研究人员做过一次为期三天的实验，该实验证明了短暂的冥想练习的确可以在缓解压力方面产生奇效。他们招募了66名18～30岁的志愿者，并将他们随机分成了两个不同的小组。第一个小组被称为冥想组，其成员均经历了每天25分钟，共计3天的冥想试验；第二组被称为认知组，其成员均完成了为期3天的认知训练，通过对诗歌进行批判性分析来提高解决问题的能力。最后，两组成员被要求接受相应的压力数学和压力语言测试，并为皮质醇（也被称为"压力荷尔蒙"）测量提供了唾液样本。结果显示，冥想组成员的压力值明显低于认知组，而且前者皮质醇的反应性比后者更小。

据此，心理学家认为冥想使呼吸放慢，心脏也随之减慢跳动节奏，而心跳频率的降低会改变脑部供血，从而实现对情绪的影响。在长期训练下，冥想会变得更加自动、简单，从而大大降低了皮质醇的反应性，并减小心理压力。

如今，冥想已经在追求心理健康的人群中变成一种时尚的行为。而且，它不仅仅流行于普通大众，也在一些知名企业的文化里生根发芽。比如Google、Ford这些多元文化的公司，已经开始教员工如何冥想，以提高他们的工作效率。

说了这么多，那么究竟该如何冥想呢？下面便是关于冥想的一些技巧、方法和注意事项。

在哪里冥想

冥想并没有固定的场所，关键是让你感觉舒服。比如，你选择在自己房间的一个特殊角落，并布置上一些容易使你进入沉思状态的物品。当然，你还可以从大自然那里获得帮助：待在海边，倾听海浪撞击岩石的声音；穿过茂密的森林小径，仰望如教堂穹顶一般广阔的树荫；站在小溪边，倾听瀑布、泉水和岩石之间的嬉戏；又或者凝望月亮升起，鸟儿从头顶飞过。

采用什么姿势

最为理想的姿势是盘腿而坐，此时，你双手自然垂膝，头、颈、背挺直呈一条直线。当然，你也可以站着、躺着，关键是让自己感觉舒服。

每次冥想持续多久

很多专家推荐冥想20分钟，一天两次。但这些都不是问题的关键，重要的是，通过冥想，你有没有把自己带入一种自我存在的状态，有没有放下自己，和自己的内心交流。当然，刚开始时，你可以尝试四五分钟冥想一下，然后稍作休息后再继续。为了提高冥想的效果，最好将这一习惯安排在每日的固定时间。正如作家David Steindl-Rast所推荐的：比平常早起15分钟，给每天创造一个"沉思时刻"。如果没有这些宝贵的时刻，如他所说，"你的一整天将陷入一种盲目的追赶"，一旦拥有它们，你的一整天便会赋予意义和喜悦。

第五章

▼

摒弃完美主义，不做心理上的"极端分子"

▲

甘于平凡并不意味着平庸

在小学课堂上，老师一般都会问学生们这样一个问题：长大后的梦想是什么？有些学生会说想成为科学家，有些学生会说想成为政治家，还有些学生希望自己成为世界冠军。小学生畅谈自己的梦想，本身就有着童言无忌的意味，至于将来能否实现，并不会对他们当下的生活产生任何负面影响。相反，很多成年人在踏入社会后也为自己制定非常宏大的人生目标，这些目标或许是童年梦想的延续，也有可能是刚刚诞生的新想法。一旦在实现这些目标的过程中受挫，很多人就会情绪暴躁。或许在他们眼里，要么成功，要么失败，根本不存在第三个选项。事实上，这种想法本身就是完美主义的一种比较幼稚的表现。

当然，任何对于成功的追逐都是无可非议的。重要的是，我们应该采用什么样的方法和心态去追逐。有些人认为，要成功，就应该做轰轰烈烈的事情。从短期来看，他们的行为很鼓舞人心，但是如果没有超凡的毅力，这种人很容易就会陷入低迷。另外，有时候成功并不需要轰轰烈烈。就像每一朵花的盛开都要经过长期的孕育，每一个甜美的果实都要经过耕耘与培育一样，一个人想要成功，必须经过长期的坚持，付出辛勤的劳动。简言之，成功也需要甘于平凡的心境。

"星光中国芯工程"的总指挥邓中翰在获得"2005年度十大经济人物"后，接受记者采访时这样说："对于每个人而言，都是从平凡到逐渐取得一些成绩，在很长的时间内都默默努力地工作，获得这些成绩之后才有可能成为产业里面有影响力和推动力的一股力量，那时候才可以说我们多年的平凡工作积累的成绩实现了。"这虽然只是邓中翰个人的观点，但是也是很多成功人士整个奋斗人生的真实写照。

现在很多初涉职场的年轻人在工作中总是心浮气躁，好高骛远，这山望着那山高，没有立足本职工作埋头苦干，当然也不会享受到"建功立业"的成就感。这种人一见到别人做出了成绩，就会因羡慕而嫉妒，进而大发"英雄无用武之地"的牢骚，似乎自己没有成就，不是主观不努力，而是岗位不合适。但是，一旦领导将他们放到某个重要的岗位上，他们又会沾沾自喜，乐而忘忧，以至于整天在"一杯茶水一包烟，一张报纸看半天"中消磨时光。至于人生的理想，奋斗的激情，进取的潜能，创造的才智，统统都在这种舒适安逸中消失殆尽，到头来，只能平平庸庸、碌碌无为。可见，不珍惜工作岗位，实际上就是轻视平凡。苟且偷安敷衍人生，最终是对自己生命的浪费。

吴斌在一家汽车修理厂当修理工，技术能力超强，不过有一个毛病——

喜欢抱怨。"这活太脏了，瞧瞧我身上弄的。""真累呀，我简直讨厌死这份工作了。"像这种抱怨的言论，吴斌几乎每天都在重复。他认为自己在受煎熬，在像奴隶一样卖苦力。也正因为抱有这样的心理，吴斌每时每刻都窥视着经理的眼神与行动，只要一有机会，经理不在身边，他就偷奸耍滑，应付手中的工作。

转眼几年过去了，与吴斌一同进厂的三个工友，各自凭着在工作中磨炼出来的精湛手艺，或加薪晋职，或被公司送进大学进修，或是独当一面，开辟了属于自己的新事业，唯有吴斌仍然在抱怨声中做着他讨厌的修理工。

抱怨表面上是对现状的不满，貌似是一种对完美的追求，但如果自身不做出任何实质性的改变，那么这种抱怨就是在自欺欺人。或许我们也可以这样讲：完美是一种假象，平凡是一种错觉，完美的假象只会让人气馁，而平凡的错觉却可以让一个人的人生在充实中度过。

阿尔伯特·哈伯德说过："一个人即使没有一流的能力，但只要拥有敬业的精神，也同样会获得人们的尊重。即使你的能力无人能比，如果没有基本的职业道德，也一定会遭到社会的遗弃。"这也就是说，卓越是上帝对敬业者的馈赠，而轻视工作必将收获平庸。

成功是在平凡中累积和沉淀的。不能以正确的心态看待平凡，吃亏的终将是自己。如果你一心想着一飞冲天，却不脚踏实地地走好每一步路，最终只能做个"空想主义者"。

优势未必是优势，劣势未必是劣势

1975年1月末，一个叫薇拉·布兰达的17岁德国女孩走上了科隆歌剧院的舞台。这是薇拉人生中最激动的一天，因为作为德国最年轻的音乐会发起者，她成功说服科隆歌剧院为美国音乐家凯斯·吉瑞特举办一场有1400名观众参加的深夜爵士音乐会。在演出开始前夕，薇拉让凯斯检查钢琴。经检查，凯斯发现钢琴的高音区刺耳，黑键黏住了，白键音也不准，而且钢琴体积太小了，发出的声音不足以让整个歌剧院的听众听见。凯斯要求必须换一台钢琴，不然无法演奏。薇拉想尽了办法都没能找到钢琴，只能请求凯斯不要放弃这场音乐会。凯斯看着这位德国女孩，最后决定为了她参加演出。由于钢琴高低音区有问题，他只能利用中音区弹奏；因为钢琴声音太小，他只能重重地敲击琴键。最后的演出效果非常棒，这场音乐会的唱片是史上销量

最好的爵士独奏专辑。

原本的劣势，到最后反而成了成功的关键。这种貌似不符合逻辑的现象背后，其实存在着不为人知的朴素道理：优势未必就是优势，劣势也未必就是劣势。很多人自以为占尽天时、地利，便扬扬得意，结果到最后发现自己失败在人和；有些人出身寒门，但从来没有失去斗志，到最后他的经历反而成了励志的楷模。要知道，富二代本身的优势就已经决定了他们很难成为大多数人的楷模。

说到优势，我们肯定会认为一个四肢健全的人相对于残疾人更适合演讲，更适合弹钢琴。但是，澳大利亚演讲家尼克·胡哲用自己的故事证明，哪怕没有四肢，自己照样可以在演讲方面取得成功；首季中国达人秀冠军，"断臂钢琴师"刘伟，用实力证明，脚趾不比手指差。说到身体残缺，我们也会很自然地想到陈列在罗浮宫的镇馆之宝"断臂的维纳斯"。按常理来说，一个没有双臂的雕塑肯定会不符合大众的审美观念。但是，人们喜欢维纳斯，而且喜欢的正是无臂的维纳斯。有人说，如果维纳斯的双臂存在，其美感一定会大打折扣，也有人将其称为"残缺美"。已经有很多的人、物、事向我们证明，优势和劣势从来都不是泾渭分明的。

社会心理学家阿伦森曾做过这样一个实验：在一场竞争激烈的演讲比赛中，有4位选手，其中2位才华出众，另外两位相对平庸。才能出众的选手中有一人不小心打翻了桌上的茶杯，而才华平庸的选手中也有一位打翻了桌上的茶杯。实验结果表明，那位才华出众且犯了一个小错误（打翻茶杯）的人被视为最有吸引力的；才能出众而没有失误的人吸引力第二；相对平庸且有失误的那位选手被认为是最缺乏吸引力的。

实验结果似乎有违常理：既然是同样的失误，为什么在有才华的人身上就是优势，在相对平庸的人身上却成了劣势？事实上，我们每一个人都喜欢与那些有才华且品行好的人交往，但如果他们表现得过于完美，没有一点瑕疵，就会给人一种不真实的感觉。所以说，当有才华的人犯一点小错误的时候，人们会认为他们更真实。不过，这样的真实性对于平庸的人起不了多大的作用，因为人们会想当然的认为，犯错本身就是平庸的表现，这或许才是他们最真实的表现。所以说，同样一个失误，可以凸显有才华的人身上的真实性，从而让大家更喜欢他；同时也凸显平庸者身上的平庸，从而让大家更讨厌他。

1962年，美国总统肯尼迪试图从猪湾侵入古巴，结果计划惨遭失败。消息传来，举国哗然。令人大惑不解的是，"猪湾事件"并没有对肯尼迪的声望造成破坏，反而在国际上提高了他的声望。心理学家阿伦森曾经为此写道："肯尼迪年轻、英俊、潇洒、诙谐，具有很强的人格魅力。他是个求知欲很强的读者，也是一流的政治家……一些难免的失误反而让他在民众中显得更可爱，更人性化。"

在生活中有很多这样的例子：一些在各方面都表现优异、近乎完美无缺的人，在人际交往中却不招人待见；相反，那些虽然优秀，但是却偶尔搞个恶作剧的人更受到人们的青睐。心理学上把这种现象称为"犯错效应"，或者"白璧微瑕效应"。要知道，小小的失误会使有才能的人更具有吸引力。所以有人说："白璧微瑕比洁白无瑕更可爱。"

如今看来，有些人在某些方面有点优势就沾沾自喜，或者因为一点劣势就自甘堕落，都是幼稚、缺乏远见的行为。有优势，我们自然要善加利用；没有优势，我们也不能放任自流。这不仅是处世的智慧，还是控制情绪的基础。

不切实际的高标准不如无标准

　　在生活中总是会有这样一群人：无休止地制定不可企及的高标准，无休止的奋斗。有人说他们是工作狂，但不可否认的一点是，这类人活着很累。他们对自己的行为有着近乎苛刻的要求，有些甚至脱离了现实，但他们依然要求自己或他人高质量地完成。毫无疑问，这类人就属于典型的完美主义者。

　　完美主义者喜欢制定不切实际的标准，并固执地坚守，貌似这些高标准就是他们人生意义的全部体现。这类人的人生格言似乎是"有条件要上，没有条件创造条件也要上"。当然，这句话本身并没有错，而且也是人们在困难、挫折面前的一个可选项。不过，涉及具体事情也要具体看待，如果不分青红皂白盲目"乱上"，那么结果多是"面碰壁，心如灰"。完美主义者恰好就属于那种不分青红皂白的人，在他们眼里，只有完美和不美，没有具体情况这一说。

古人说："谋事在人，成事在天。"有些时候，之所以没有成功只是条件不具备，时机未到。而且，人的能力水平差异很大，对于有些人很简单的事情，放到另外有些人那里或许很难。所以，即便你按照别人的方式去做，结果也未必就会如意。此时，如果调整一下思路，或者降低点标准，也许就会有更好的发展。然而，很多完美主义者却始终不明白这样的道理。

王莉智力水平一般，但是因为在高中时学习非常用功，所以一直是老师、同学眼中的"三好学生"。

高考时，王莉考上了某大学的物理系。物理系本来就是学校里录取分数比较高的几个院系之一，所以能够进去的人都是佼佼者，很多同学的智力和思维能力都在王莉之上。不过，王莉的经历也给她一种幻觉：只要努力，就一定可以成功。"功夫不负有心人"是她在大学里经常用来自勉的一句话。

进入大学后，王莉立马给自己制定了一份严格的学习计划表，甚至连学期考试的名次也有了严格的规定。对于这份计划，王莉是抱着必胜的决心的。

事实上，第一学期的确如王莉所料，她的各门功课都取得了不错的成绩，也顺利拿到了奖学金。但是，随着第二学期开始学习高等数学，她渐渐跟不上了。别人听了一遍就可以理解的东西，她听了多次还是无法理解。渐渐地，她学习起来越来越吃力，而且第二学期的各科成绩排名都大幅度下滑，高等数学甚至垫底。

不过，王莉把这一切都归结为自己不够努力。所以，新的学期开始后，她经常熬夜钻研，有时候甚至通宵达旦。结果，两个月下来，她因为脑力透支严重，开始失眠。

又过了没多久，她渐渐有了抑郁的感觉，每天情绪低落，也不再想学习，脑子里充斥着自责和失败的想法。

我们并不否认勤奋在求知方面的重要性和不可替代性，而且爱迪生也说过"天才是百分之一的灵感加百分之九十九的汗水"这样的名言。但是，勤奋并不是万能钥匙，也不能解决所有的问题。王莉在极端自尊心理的操控下，产生了只要勤奋就可以考高分、拿奖学金这样的补偿心态。结局就是，一旦没有得到自己想要的结果，就如同支撑她人生成功的"公理"失效了。其实，并不是公理失效，而是王莉不够灵活，她没有根据实际情况调整自己的目标。要知道，不是所有的汗水都有收获，也不是所有的勤奋都能成功。重要的是，在面对既定的失败的事实时，我们如何积极地调整心态，而不是郁闷地怀疑公理。

在现实生活中，也不乏那些因为做事认真、一丝不苟而取得突出成就的人，但他们也会为此付出惨重的代价。以苹果创始人乔布斯为例，他在工作中几乎把完美主义发挥到了极致，而且他也确实让苹果产品风靡全球。但是，他只活到56岁就因为癌症去世。乔布斯不仅仅在工作中表现出完美主义的气质，在生活中也同样苛刻。他吃素，而且对于饮食的要求极为严格。即便是患癌之后，他宁可相信自己的直觉，也不"盲从"于所谓的科学。我们自然无法把乔布斯患癌去世的结局归于他的完美主义，但这里面的因果关系绝对是存在的。

自从第一次科技革命以来，人们已经在方方面面展现出强大的力量，各种各样的难题被一一征服。现代的人类似乎有一种错觉：认为自己无所不能。越是有这样的心理，人的征服感和掌控感也就会越强，人们也越希望为自己制定更高的标准。事实上，任何在大自然面前表现出自负的行为，都会破坏人与自然之间的和谐，破坏人们内心深处的宁静。制定高标准的意向是好的，但也要顺应自然，顺应时势，顺应自己的能力。任何违背这一原则的人，都难免会陷入情绪的泥潭，无法自拔。

水至清则无鱼，人至察则无徒

古语云："水至清则无鱼，人至察则无徒。"这句话的意思是，水太清了，鱼就无法生存，要求别人太严了，就没有伙伴。不管是做事，还是交友，我们都不能太过于较真，总是盯着事情的弊端或者他人的缺点不放。在这个世界上，没有十全十美的人，每个人身上都可能存在这样或那样的缺点，因此我们在交朋友的时候应该少一点苛刻，多一点宽容。对于他人的弱点要懂得包容和谅解，并尽量欣赏他人。否则，就没有人愿意接近你，到最后你可能会沦落到孤芳自赏的境地。

爱尔兰剧作家萧伯纳曾经在给友人的一封信里，阐述了"世界上没有十全十美的人"这一道理。我们不妨一起阅读一下。

你的来信我收到了，你在信中说希望将来的爱人更优秀、更出色，这些都是人之常情。不过，一个优秀的人身上往往也存在着明显的缺点，那些都是一个人的学历、阅历所决定的。那种只有优点没有缺点的人是不存在的。

你如果留心一下，就会发现我们周围那些大龄未婚的女子多是优秀的人。她们之中只有很少一部分是真正想独身的，大多数只是因为没有找到自己心中的白马王子，也不肯随便嫁人罢了。她们按照自己心中的理想苦苦寻觅白马王子，可是多年来依旧一无所获。

其实，不是这个世界上不存在好男人，而是这个世界上没有被重新组合起来且没有任何缺点的男人。她们的悲剧不在于追求爱情与婚姻的完美，问题是，你追求的完美应该是世界上存在的，现实生活中能够找到的。

在这个世界上，没有任何人有权力替你选择。你在信中说有三个小伙子在追你，可能有一个将来会成为你的丈夫，也可能你未来的丈夫是他们三人之外的更优秀的小伙子。但你要记住，不要把幻想中的或者小说中的人当成现实的人，不要企图找一个没有缺点的人。如果一个人真的没有任何缺点，那么他肯定也没有任何优点。你也不要脚踏几条船，同时和几个人谈恋爱。那样，最后苦恼的人还是你自己。

萧伯纳这封简短的信至少向我们阐述了这样一个道理：在现实生活中，没有十全十美的人，如果一味按照自己的意愿去寻找完美的爱人，那么只会虚度年华，孤苦一生。爱情如此，友情亦如此。

英国有句谚语："世界上没有不生杂草的庄园。"这句话可谓异常形象。"金无足赤，人无完人"，在对待朋友的时候，我们不能过分要求对方，也不能总是盯着别人的缺点不放，而是应该学会从整体着手，善于发现别人的长处。当然，有些人可能真的没有特别显眼的长处，而且言谈举止很粗俗，我们应该给予理解，而不是鄙视和批评。正如《了不起的盖茨比》中的一句话："我年纪还轻，阅历不深的时候，我父亲教导过我一句话，我至今还念念不忘。'每逢你想要批评任何人的时候，'他对我说，'你就记住，这个世界上所有的人，并不是个个都有过你拥有的那些优越条件。'"当我们有了这样的思维之后，或许会对他人的缺点看得更开，也会让自己的素养变得更高，使境界提升一个档次。

别在次要的小事上太认真

有位受人尊敬的禅师非常喜欢兰花，平时除了讲经之外，主要乐趣就是培育自己的兰花。一次，他要外出云游一段时间，临行前特意交代自己的弟子要照顾好自己的兰花。弟子们遵照禅师的交代，小心翼翼地看护他的兰花。然而，在一次浇水的时候，兰花还是被一位弟子不小心给碰到了。结果，兰花盆摔碎了，兰花也散落了一地。弟子们都非常害怕被师父责罚，打算等师父回来后向他道歉。

禅师回来后，听说了这件事，非但没有责怪他们，还说："我种兰花，主要是为了美化寺里环境，并不是为了生气而种的。"

禅师的回答无疑是充满智慧的，他知道什么事情重要，什么事情不重要。兰花固然美好，但它只是用来美化寺里环境的。为什么要为了一件美化环境的物品而破坏自己的心境呢？诚然，面对生活中不如意的小事，一般人很难做到心如止水，更不可能没有一点情绪。而且很多人在遇到烦心事的时候，很容易失去理智，总是把一些鸡毛蒜皮的小事无限夸大。结果就是，理智丧失，情绪失控。所以，越是在这个时候，我们越是应该用理性来控制自己的情绪，用正面的信息来疏导自己的心情。特别是遇到小事而心烦时，更应该如此。

遇到烦心事的时候，不妨自问一下："这点小事究竟算得了什么呢？我为什么要在这件小事上和自己较真呢？"

最近网络上流行这样一句话："站在80楼往下看，放眼望去都是美景。你从2楼往下看，满地垃圾。人若没有高度，看到的都是问题。"同样的道理，当我们在小事上认真的时候，无异于站在2楼看风景，看到的自然都是垃圾。相反，那些有远见的人，他们很少在烦琐的小事上浪费时间，因为他们渴望看到美景，而不是垃圾。

不在小事上耗费自己的精力其实是一个很浅显的道理，很多人也都知道在小事上较真对自己没有好处，但是依然做不到。遇到突发状况，他们就会把各种正确的道理、观念抛诸脑后，由着性子发泄情绪。当然，一旦坏情绪发泄出来，就会产生一系列的负面连锁反应，最后势必会导致严重的后果。

在小事上认真，从某种程度上讲是一种很幼稚，也很缺乏远见的行为，特别是那些遭遇过某种人生变故的人，对这一观点有着更为深切的感悟。下面是一名美国青年罗勃·摩尔讲述的故事，或许对我们有所启迪：

1945年3月，我在中南半岛附近84米深的海下潜水艇里，学到了一生中最重要的一课。

当时我们从雷达上发现一支日军舰队朝我们开来，我们发射了几枚鱼雷，但没有击中任何一艘舰只。这个时候，日军发现了我们，一艘布雷舰直朝我们开来。3分钟后，天崩地裂，6枚深水炸弹在四周炸开，把我们直压到海底84米深的地方。深水炸弹不停地投下，整整持续了15个小时。其中，有十几枚炸弹就在离我们50米左右的地方爆炸！真危险呀！倘若再近一点，潜艇就会炸出一个洞来。

我们奉命静躺在自己的床上，保持镇定。我吓得不知如何呼吸，不停地对自己说：这下死定了……潜水艇内的温度达到40多摄氏度，可是我却怕得全身发冷，一阵阵冒虚汗。15个小时后，攻击停止了，显然是那艘布雷舰在用光了所有的炸弹后开走了。

这15个小时，我感觉好像有1500万年。我过去的生活一一浮现在眼前，那些曾经让我烦忧过的无聊小事更是记得特别清晰——没钱买房子，没钱买汽车，没钱给妻子买好衣服，还有为了点芝麻小事和妻子吵架，还为额头上一个小疤发过愁……

可是，这些令人发愁的事，在深水炸弹威胁生命时，显得那么荒谬、渺小。我对自己发誓，如果我还有机会再看到太阳和星星，我永远不会再为这些小事忧愁了！

确实如此，平时再大的事，与生死相比，都变成了小事。难怪有位创业者，在经历了惨痛的失败后，依然保持着乐观的心态，因为他坚信这样一句话："不用怕，不要愁，十年后，所有的事，都只是下酒菜。"

当然，我们强调的是不要在次要的小事上耗费精力，而不是在所有的小事上。有些事情虽然小，但对于我们的意义重大。比如情人节送女朋友礼物，父母的生日和他们一起吃顿饭。在爱面前，再小的事也有意义；在生死面前，再大的事也无价值。大事、小事是相对的，要视具体情况而定。不过，很少有人分不清楚大事、小事，主要的、次要的，除非他们的情绪已经失控。所以，在情绪失控之前，要用理性提醒自己，不要在次要的小事上浪费自己的认真。

做好自己的事，别太在意他人的评价

　　有位上了年纪的老人和他的孙子一起赶着他们的毛驴，打算到市场上卖掉。结果没走多远，在井边遇见了一群人，他们正谈笑风生，其中一个人说："瞧，这爷孙俩多傻，放着毛驴不骑，却要走路。"老人听到此话，觉得有道理，便让孙子骑在了驴上，自己走路。

　　走了一会儿后，他们又遇到了一群人，其中一位年龄偏大的人说："看到了没有，现在这社会根本谈不上什么尊敬老人。你们看看那个孩子骑在驴上，而他年迈的爷爷却在下面行走。这像话吗？"听到这样的职责之后，孙子主动下来，并把毛驴让给了爷爷。老人也没有推辞，直接就骑了上去。

　　结果还没走多远，他们又遇到一群妇女，其中一位妇女大喊道："你这个老头也真是的，自己骑着毛驴挺舒坦的，也不知道心疼一下自己的孙子。"老人听后，满脸通红，就让孙子坐在他后面，两个人合骑着一头毛驴。

又走了一段之后，他们来到一座教堂前，一位牧师拦住了他们："请等一下，那么弱小的驴子怎么能承受得住两个人的重量呢？你们要去哪里呢？""我们要到集市上把这头驴卖掉！""哦！这更有问题。我看你们还没走进市场，驴子就先累死了，恐怕还卖不出去呢！""那么，该怎么办呢？""扛着驴子去吧！""好！就按照你说的办。"

就这样，爷孙俩从驴背上下来，把驴子的腿捆在一起，用一根木棍将驴子抬起来往集市走去。

或许会有人嘲笑爷孙俩没有自己的主见，但现实生活中，这种被他人意见左右，影响自己心情和行为的人和事还真不少。比如工作的时候，有人对我们给予了鼓励和肯定，我们就会非常高兴，并竭尽全力把剩下的事情做得更好；如果有人对我们的工作提出批评或挖苦，我们就会像泄了气的皮球一样，做事无法集中注意力，还总是把精力浪费在关注别人的评价上。这样一来，工作就会遇到阻力，情绪也会越来越糟。轻者，难受一两天，重者甚至会引发抑郁。这并非无稽之谈，事实上，那个曾经给我们带来无限欢乐的"憨豆先生"就是最好的说明。据说，他因为过度关注粉丝对他一部电影作品的评价，一度变得抑郁，最后不得不到国外修养。

从前有一位画家，想画出一幅人人见了都喜欢的画。经过几个月的辛苦工作，他把画好的作品拿到市场上去，在画旁放了一支笔，并附上一则说明：亲爱的朋友，如果你认为这幅画哪里有欠佳之笔，请赐教，并在画中作上标记。

晚上，画家取回画时，发现整个画面都涂满了记号，没有一笔一画不被指责的。画家心中十分不快，对这次尝试深感失望。

画家决定换一种方式再去试试，于是他又摹了一张同样的画拿到市场上展出。可这一次，他要求每位观赏者将其最为欣赏的妙笔都标上记号。结果是，以前曾被指责的地方，如今都换上了赞美的标记。

最后，画家不无感慨地说："我现在终于明白了，无论自己做什么，只要一部分人满意就足够了。因为，在有些人看来是丑的东西，在另一些人的眼里则恰恰是美好的"。

做事固然需要听取他人的意见，但是并不能将他人的批评作为自己行动的指挥棒，更不能作为自己情绪的晴雨表。在这个世界上，不同的人会对同一件事情有不同的看法。如果我们一心按照别人的意愿行事，就注定会遭遇失败。"一千个读者眼里有一千个哈姆雷特"，无论我们付出什么样的努力，都不可能做到十全十美，也不可能让每个人都满意。即便是莎士比亚这种天才式的作家，也依然不受很多大家的待见。比如，托尔斯泰就曾经在文集中说自己读了50年的莎士比亚，依然觉得莎士比亚的戏剧不要说名著了，甚至连3流的剧作家都不如。

不同的人站在不同的立场，会有不同的看法。无论你怎样做，都不可能做到让所有的人都满意。所以，做事要有主见，如果自己认为是正确的，就要坚持下去，不要被别人的意见所左右，不要企图让所有的人都满意。

想要让所有的人都赞美你、肯定你，那是不可能的。一个人的价值不是寄托在他人的赞美或批评上，只要尽心尽力去做就好，至于其他人如何批评、如何期许，不必太在意。别人说的，让人去说，别人做的，让人去做。嘴巴长在人家的脸上，我们也控制不了，但我们可以控制自己的心态，控制自己的情绪。

小心你的自尊"有毒"

　　所谓自尊，就是一个人基于自我评价产生和形成的一种自重、自爱、自我尊重，并要求受到他人、集体和社会尊重的情感体验。按照《自我》的作者乔纳森·布朗的观点，自尊是一种人们感受自我的特定方式。通常情况下，自尊有强弱之分，过强则成虚荣心，过弱则变成自卑。所以，对每一个人而言，自尊既不能完全没有，也不能过分膨胀。适度的自尊可以让我们更理性地认识自我，而且不易被周围的环境以及人际关系所左右，而过度的自尊则像毒药一样，会毁掉我们的认知与情感。

　　在所有"有毒"的自尊里面，最为普遍，而且后果也最为严重的便是过分追求成功。在这些人的眼里，成败是评价一个人自我价值感的唯一标准。所以，他们在工作生活中会表现出拼命三郎的精神，务必让自己超过所有人，务必确保自己不能失败。他们身上的安全感完全建立在与他人竞争时的领先地位，而不是自己已有的成果。由于这些人对自己究竟是什么样子并不十分清楚，所以只能通过他人的眼光来衡量自己，这种情况导致的结果就是他们对名利的极端追求。

当然，我们并不能说所有追求名利的人都是建立在极端自尊的基础之上，而且也不能认为凡是和名利沾边的心理都是不健康的。事实上，我们生活在市场经济这一宏观的环境中，就已经决定了名利在调动、激发人们积极性的重大作用。那么，如何区分我们在追求名利的时候是建立在良性自尊还是极端自尊之上呢？

首先，建立在良性自尊之上的名利追求者具有安全感和本真自尊的心理基础，他们会根据自己的真实感觉和价值感做出决定。其实，建立在良性自尊之上的名利追求者会以一种温和的心态来对待名利。在他们眼里，名利只是自我实现的附带效果，而不是人生的唯一或主要目标。再者，对于建立在良性自尊之上的名利追求者而言，亲情、友情，以及创造和审美等其他需求也有着和名利同等的重要性。

极端自尊之所以"有毒"，是因为有这种情感的人往往出于一种补偿的动机和心态，或者只是出于维护面子而追求功名，所以他们的追求往往具有刻板性和强迫性。那么，极端自尊者都有哪些特征呢？

首先，他们追求的目标单一，就是成功。为了获得成功，他们不惜一切代价，哪怕这会让他们失去其他爱好。基于此，他们的精神世界会越来越贫乏。表面上看，他们似乎过着清心寡欲的生活，但实际上他们只是将注意力转移到名利这件事情上。他们一味地讨好领导，钻研业务，从而对生活中诸如亲情、友情、爱情之类的事情一概提不起兴趣。

其次，他们对于成功的追求并非发自本能，而是基于一种强迫心理。他们的目标可能很宏伟，而且永无止境。事实上，之所以会如此，完全在于他们心里缺乏安全感。为了满足自己的安全感，他们习惯性地不断给自己设立目标，并疯狂地实现目标。有时候，一些正常的需求到他们那里，就变成了贪婪地享受。这种由缺乏安全感激发的需求势必会让他们走向极端，主观表现就是强迫自己做各种自己不喜欢的事情。

最后，在追求名利过程中所表现出来的敌意情绪。极端自尊者追求名利的动机是补偿安全感，所以无法兼顾他人的感受。脱离了归属感的追求，就变成了与他人对立或者凌驾于他人之上的追求。名利原本是快乐做事的副产品，但在他们那里却变成了超越所有人的游戏。

当一个人把成功作为自尊的唯一基础时，自然会产生一种相反的力量：害怕失败。而且，一个人对成功越渴望，对失败也就越恐惧。如此一来，他往往会把失败看得非常严重。由此可见，极端自尊很容易让一个人把失败、挫折的负面价值放大。这类人由于成功和失败引起的心理波动非常大，所以他们每天都会耗费大量的精力思考如何成功，如何防止失败。他们对于失败的自我反应过于强烈。如果成功了，他们会异常狂喜；如果失败了，他们的情绪会一落千丈。

成功只是对过去一段工作的褒奖，失败也只能说明量的积累还没有达到质变的时候，任何企图通过极端自尊左右自己情绪的行为都是一种短见。所以，在人生路上，我们除了始终要保持适度的，有助于认识自我的自尊之外，还要提防那些"有毒"的、极端的自尊。

第六章

▼

战胜无为主义，跳出低迷情绪的泥潭

▲

中庸之道是治疗焦虑的良药

早上6点起床，7点吃早餐，8点出发，9点开始上班，上午一阵忙碌，中午一顿简餐，下午继续干活，晚上还要加班……这是很多职场工作者一天的缩影。平时忙也就罢了，有时候为了提升自己，周末还要参加各种补习班。总之，现代人生活在一个快节奏的社会之中。心理专家认为，快节奏的生活不仅会让人产生心理上的不适，还会让人产生各种生理上的不适。当然，这种生理上的不适并不一定是什么严重的器质性疾病，而是精神长期处于紧张状态，使中枢神经和自主神经系统功能失调，从而产生一系列焦虑症状。

如果一个人陷入焦虑情绪，内心就会被烦躁、恐慌等各种负面体验所吞噬。如果长时期焦虑过度，就会导致情绪失控、精神失常、疾病缠身。可以这样讲，焦虑会引起各种疾病，甚至危害个体的健康。比如有调查就显示，冠心病患者伴发情绪障碍的比例高达30%；1/3的头痛、头晕症状其实和情绪有关。另外，美国纽约州立大学心理研究中心通过一项专题研究发现，受到焦虑情绪困扰的儿童生长发育失常，长大后明显比开朗、乐观的同龄人要"矮上一截"。

既然焦虑会产生如此多的负面反应，那么该如何预防和治疗呢？其实，早在2000多年前，古人就为我们弄好了"药方"。这个"药方"大家并不陌生，就是我们常听、常提的中庸之道。

虽然中庸之道是儒家文化的遗产，但是老子曾经在《道德经》中对这种思想有过相似的阐述。老子曾说："人法地，地法天，天法道，道法自然。"这句话的意思是"人必须遵循地的规律特性，地的原则是服从于天，天以道作为运行的依据，而道就是自然而然，不加造作。"中庸即自然，自然便中庸。

2004年，美国心理学家威廉·詹姆斯在《消灭负面阴影》一文中明确提到："无为和不争的思想，有助于让个体保持心灵的清净和头脑的冷静，从而追求自己想要的生活。"我们已经知道，焦虑情绪对人的危害很大。与此同时，焦虑还会伴有紧张、注意力不集中等负面影响。在人生历程中，几乎没有人不产生焦虑情绪。当然，有些人自控力强，短暂的焦虑之后能够很快恢复。有些人因为观念的盲从，人际关系的复杂，竞争的激烈等，导致心灵变得越来越孤单，最后麻木地接受了负面情绪的摧残。为此，威廉詹姆斯提出了这样一个口号：保持平庸，消除焦虑。

老子云："见素抱朴，少私寡欲，绝学无忧。"当你显示出质朴纯真的本性，减少私心杂欲之后，就会发现原本没有什么可以值得忧虑的事情。我们想要获得幸福，不得不总是奔波忙碌。不过，在这个过程中，我们经常会因为害怕失去而感到焦虑。于是，除了疲惫、不甘和莫名的恐慌之外，我们并没有获得多少快乐。

中庸之道并非是要我们采取一种什么都无所谓的态度，也不是教我们逃避现实。相反，它是一种大智若愚的智慧。保持平和的心态和中立的态度，不为尚未到来的事情担忧，也不为生活中的琐碎烦恼，此时，你的生活将会变得简单、轻松，而你的焦虑也会神不知鬼不觉地消失。

当然，中庸只是我们消除焦虑的一种方法。在现实生活中，引起焦虑的原因各异，我们在遵守中庸这一原则的同时，也应该结合具体情境采取一些相应的辅助措施。如果太累了，就忙里偷闲，给自己放个小假；如果感觉寂寞了，就给朋友打个电话叙叙旧；如果想家了，就给父母打个电话，唠叨几句。不管我们工作中的状态怎样，在他人心目中的形象怎样，在朋友眼里，你就应该是个朋友的样子，在家人眼里，你就应该是个孩子的样子。中庸之道就是不在该示弱的时候逞强，也不在该逞强的时候示弱；中庸之道就是在现实生活中扮演好自己的各种角色的同时也能够做真实的自己。

冷静认识愤怒，有效控制内心的魔鬼

有这样一则禅宗故事：

弟子问禅师："师父，我经常感受到一股无法控制的愤怒，要怎样做才能驾驭它呢？"

师父答："这听起来很有趣，那就表现一下你的愤怒让我看看。"

弟子说："我表现不出来，因为它现在不在。"

师父又说："那就等你感到愤怒的时候把它带过来让我看看。"

弟子抗议说："但是，我不可能在它刚好出现的时候把它带到这里，因为它总是不经意地出现，而且肯定会在我见你之前就已经消失了。"

师父说："这就表示，愤怒并不是你自然本性中的一部分；如果它是，就可以在任何时候呈现给我看。你刚出生时，并没有愤怒，所以，它一定来自外在。"

　　想想我们平时都会因为什么愤怒：汽车被堵在路上，我们会愤怒；在网上看到了不公平或者冷血的新闻，我们会愤怒；看到有人没冲厕所，我们会愤怒……总之，生活中无处没有愤怒。但是我们再反过来问自己一个问题：这些外在的因素必然导致愤怒吗？人的情绪对各种现象也存在着诸如条件反射般的反应吗？答案自然是否定的，因为有些人确实不那么容易愤怒。以上班被堵在路上为例，有人会抽空打个电话，或者在手机上查看一下近期的邮件，顺便看一篇前一天保存的文章。因为有事可做，所以他们不容易愤怒。当然，我们很少无缘无故地愤怒，所以上面禅师的话是有道理的。但是，同样一件事情能够让不同的人产生不同的情绪则充分说明，愤怒也来自内在。

　　我们经常会说，生气是拿别人的错误来惩罚自己，而愤怒作为生气的升级版情绪，只会有过之而无不及。况且，很多时候，我们愤怒并不是因为某个人的错，比如堵车。因为某个人的错误而愤怒，至少还可以通过发泄起到疏解的作用，但因一些社会性的现象发怒只会让自己无端受气。所以，不管原因何在，愤怒都是下策。愤怒不仅会对人的心理造成污染，还会给人的生理带来危害，如果不对愤怒的情绪加以控制，那么有时候甚至一根头发也会导致一场血案。

　　蔡彬周末约了几个好友为自己刚开始交往的女朋友过生日。饭吃到一半的时候，蔡彬的一位好友在一盘红烧肉里发现了一根头发丝。于是，蔡彬大喊了一声，把服务员叫了过来。服务员端着盘子看了一会儿后，说："不好意思，要不我给你们换一盘？"通常情况下，事情到这里就结束了。但蔡彬碍于面子，加上刚才又喝了一点小酒，依旧不依不饶，恼怒地说："换一盘？就这么简单吗？因为这一根头发，我们吃饭的心情都没了，你能不能也给我们'换一换'。"

听蔡彬这么一说，服务员感觉对方是在故意找茬，顿时也恼怒了。那一刻，服务员甚至怀疑头发丝是蔡彬他们故意放在盘子里的，想额外捞点好处。于是，服务员和蔡彬互不相让，场面瞬间失控。结果，服务员和蔡彬一拨人扭打在一起。最后，争端以蔡彬被服务员用摔碎的酒瓶划破肚皮收场。

这样的悲剧原本可以不发生，但在生活中这样的事件层出不穷，主要原因在于人们控制不住自己的愤怒。我们常说，"忍一时风平浪静，退一步海阔天空"，如果人们自控力稍微提升一点，类似的悲剧就会少许多。

古罗马时代著名斯多亚学派哲学家塞内加说过："治疗愤怒情绪的最好办法就是等待。"当你感觉愤怒的时候，不妨强迫自己冷静下来，让自己尝试从1数到10，如果不管用就数到100。这的确是一种控制情绪的好方法。如果你感觉数数太"幼稚"了，不妨学着林肯通过"把愤怒写在纸上"来疏解。

据说有一天，陆军部长斯坦顿来到林肯的办公室，气呼呼地说，一位少将用侮辱的话指责他偏袒一些人。林肯给他提了一个建议：写一封内容尖刻的信回敬那个家伙。

"可以狠狠地骂他一顿。"林肯说。

斯坦顿立刻写了一封措辞激烈的信，然后拿给总统看。

"对了，对了。"林肯高声叫好，"要的就是这个！好好教训他一顿，真写绝了，斯坦顿。"

但是当斯坦顿把信叠好装进信封里时，林肯却叫住他，问："你要干什么？"

"寄出去啊。"斯坦顿有些摸不着头脑了。

"不要胡闹。"林肯大声说，"这封信不能发，快把它扔到炉子里去。凡是生气时写的信，我都是这么处理的。这封信写得好，写的时候你已经解了气，现在感觉好多了吧，那么就请你把它烧掉，再写第二封信吧。"

不管是数数，还是写信，都是一种"拖延"的方法。通过拖延，人们可以有时间冷静地认识愤怒。一旦对引起愤怒的事情有所了解，大部分人都会觉得为这样的事愤怒不值。

降低期望，让自己不再失望

　　说到失望，美国第16任总统林肯的经历可谓"典范"。他出生在肯塔基州哈丁县一个贫苦的家庭，用他自己的话说，他的童年是"一部贫穷的简明编年史"。7岁时，他和家人被赶出住所。9岁时，他的母亲去世。21岁时，他经商失败。23岁时，他因为竞选州议员而失去工作，还被法学院拒收。同一年，他借钱开始经营另一桩生意，但一年后便破产。26岁时，他订婚，但没过多久未婚妻去世了。不久，他唯一的姐姐又死于难产。林肯一下子跌到了谷底，卧床6个月不起。对于任何一个遭遇以上挫折的人而言，内心的打击都是巨大的。

　　林肯遭遇的每一次挫折、失败对于很多人而言无异于毁灭性的打击，但林肯并没有消沉，反而在51岁时成功当选美国总统。或许正如林肯自己所言："我对于失望太习以为常了，所以不会懊恼。"林肯似乎非常擅长把失望当作自己勤奋和自律的教训，而不是萎靡。也正因如此，林肯才能够不断整合自己的人生轨迹，而不是放任。

20世纪90年代中期的时候，有心理学家对美国人和德国人进行了一次有关人类情绪频率和强度的详尽调查。在包括伤心、内疚、尴尬等13种容易引起人们不适的情绪中，失望是调查反馈中强度最高的情绪。就频率而言，失望也"名列前茅"，仅次于焦虑和愤怒排在第三。有相关研究显示，人到中年之后，如果现实中所达到的不及他们所期望的，那么失望就是最容易出现的情绪。林肯之所以能够度过中年危机，就在于他已经适应了失望，并能够以建设性的、积极的态度对待希望落空后的黑暗。

心理学家巴里·施瓦茨在他的著作《选择的悖论》中提出："我们在控制自己的期望上多下功夫，要比做任何其他事情更能影响我们生活的品质。"这句话的意思非常清楚：你的期望越高，潜在的失望也就越大。

那么，究竟该如何减少潜在的失望呢？

一般有两种方法：一种是降低自己的期望，另一种是改变现实。以跑步为例，很多人对自己跑步的速度、距离要求太高，跑步姿势又要求尽善尽美，如果自己无法实现，情绪就会低落。若把目标定在自己力所能及的范围内，不仅易于实现，而且心理也容易满足。另外，在生活中人们总是基于一厢情愿的想法，对有明星参演的电影充满好感，但是真正从电影院出来之后，又感觉不值。

当然，降低自己的期望也不是说没有任何底线。要知道，如果没有期望，人就不再会有任何希望。所以，降低归降低，但自己也应该在行为上有所改变。林肯一生遭遇了很多失望的打击，有些甚至影响了他的生活和事业，但是他并没有停止脚步，而是从这些失望的经历中汲取经验和教训，并稳步向前。林肯曾经说："我走得很慢，但从不后退。"或许正是这样一种精神，让他在失望中能勇往直前。所以，在遭遇挫折的时候，可以通过降低期望来调整自己的心情，但绝不可以原地踏步或者后退。

忙碌起来，不要在抑郁中坐以待毙

　　由于社会节奏加快，人的心理压力越来越大，各种心理问题也层出不穷，其中最为引人注目的一个便是抑郁。根据世界卫生组织的统计，全球抑郁症发病率大约为11%，也就是说每100个人里面平均就会有11个人有抑郁症的潜在风险。其实，不管是抑郁作为一种情绪在我们身上发生的频率，还是抑郁症作为一种疾病在人群中的发病率都是很高的。

　　当然，抑郁症并不是只在普通的上班族身上发生，很多名人也都是抑郁症或者抑郁情绪的受害者。比如凡·高、贝多芬、米开朗琪罗、托尔斯泰、林肯、丘吉尔、海明威、安徒生、达尔文等。心理学家哈维洛克·艾利斯也曾对英国历史上杰出人士的生活史进行了分析，结果发现这些人有较高的情感障碍患病率，情感障碍主要包括"抑郁"和"抑郁+躁狂"双相障碍。

　　抑郁情绪的发生有时候还具有一定欺骗性，比如，谁能够想到那个曾经在作品里写过"一个人并不是生来就要被打败的，你可以消灭他，但就是打不败他"的人，会用猎枪结束自己的生命？另外，即便是那些专门制造快乐的喜剧演员，有时候也难免让自己陷入抑郁的情绪。比如最为中国人熟悉的憨豆先生，就因为他主演的影片《英国间谍约翰尼》受到影评家的猛烈批判而备受压抑，不得不到美国亚利桑那州的一家心理放松治疗中心接受治疗。

　　虽然也有观点认为，精神分裂症和双相障碍患者以及自闭症患者往往在创造性行业中有着更好的表现，但抑郁终究还是一种会对人造成诸多负面影响的情绪。另外，如果抑郁情绪不及时清理，就会发展为抑郁症。此时，人就会心情低落，思维迟缓，意志活动减退，认知功能受损。更为重要的是，抑郁症患者会不由自主地想到自杀。所以，及时清理抑郁情绪对于我们每一个人而言都是必须且紧迫的。那么，究竟该如何消除这种情绪呢？关于这一点，卡耐基给我们提供了一个解决办法——忙碌起来。

　　有人曾经说忙碌是现代人的通病，因为在忙碌的生活中人们很容易迷失自我，反而会让自己变得更为浮躁。我们如果把汉字"忙"分开来看，就会发现它由"心"和"亡"组成，也就是说如果一个人很忙，就说明他的心死了。

　　但是，关注自己的内心世界未必就会适合抑郁情绪或者患有抑郁症的人群。相反，过于关注自我有时候反而会让他们像钻牛角尖一样陷入自己的内心世界无法自拔。所以，对于一个正处于抑郁情绪中的人而言，行动是最有效的解决办法。

　　曾经有人说："行动是赶走绝望情绪的唯一途径。"这种说法虽然极端，但也有它的道理。因为当一个人的所有时间都投入到实际行动中的时候，就没有精力再去绝望。等过了一段时间再回首那段抑郁的时光时，他会有一种恍如隔世的感觉，并为自己的抑郁莫名其妙。很多科学家、艺术家、政治家等也都是通过忙碌来消除抑郁情绪的，比如英国前首相丘吉尔。

丘吉尔有一句名言："心中的抑郁就像只黑狗，一有机会就咬住我不放。"自从丘吉尔这样说完之后，"黑狗"便成了英语世界中抑郁症的代名词。丘吉尔此言不虚，事实上他终其一生都在受抑郁症的折磨。丘吉尔是在1940年初次出任首相的，当时面对德国的强大攻势，盟军完全处于劣势。按理来说，丘吉尔应该非常焦虑才是。然而，事实并非如此。据丘吉尔自己日后回忆，二战时期，他每天的工作时间都超过18个小时，除了工作就是睡觉，根本没有时间忧虑。

当然，面对抑郁的时候，除了让自己行动起来之外，还需要掌握一些必要的心理调节方式。

严格遵守之前的生活秩序

人在抑郁的时候，情绪很容易低落，而且不愿意参加公共活动，也不愿意与人交流。此时，你需要刻意让自己遵守之前的生活习惯以及处世态度。该参加什么活动照样参加，该与人交流就大胆地与人交流。当你真的这样做了之后，会发现，其实违背情绪低落时的意愿并不难，而且或许会有其他意想不到的收获。

注重自己的形象

人在抑郁的时候总是不愿意打理自己，所以总给人一种邋遢的感觉。虽然别人对自己的看法并不重要，但是别人眼中你的邋遢形象会明显影响你的心境，进而破坏你的情绪。另外，改变自己的站姿、坐姿以及走路姿势也非常重要，因为精神抖擞的状态会给自己积极的心理暗示，从而让你的情绪变得更为乐观。

集中注意力在具体行动上

人在抑郁的时候，思维会很乱。所以，你一旦决定了要做某事，就应该立刻行动，并坚持到底。唯有这样，杂七杂八的思绪才不会干扰你。有时候即便一个很小的行动，也会让你有一种成就感。重要的是，你会从中体会到专注的好处。抑郁的情绪需要刻意排除，而好的思维习惯以及专注的能力等也需要慢慢养成。刚开始可能改变不大，等坚持一段时间之后，抑郁情绪就会不见踪影。

测测自己的抑郁情绪——伯恩斯抑郁状况自查表

	0分 完全没有	1分 有一点	2分 偶尔	3分 经常	4分 极其频繁
感想和感受					
1. 是否感到情绪低落或者悲伤					
2. 是否觉得忧伤或不快乐					
3. 是否很容易哭或者流泪					
4. 是否有沮丧的感觉					
5. 是否有无助感					
6. 是否缺乏自尊					
7. 是否觉得自己没用或无能					
8. 是否有内疚感或羞耻感					
9. 是否经常自责或自怨					
10. 是否优柔寡断					

（续表）

	0分 完全没有	1分 有一点	2分 偶尔	3分 经常	4分 极其频繁
活动和个人关系					
11. 是否对亲朋好友或同事没兴趣					
12. 是否感到孤独					
13. 陪家人或朋友的时间是否很少					
14. 是否感觉失去动力					
15. 是否对工作或其他活动都没 兴趣					
16. 是否逃避工作或其他活动					
17. 是否觉得生活不快乐或不满足					
生理症状					
18. 是否感到疲倦					
19. 是否总是昏昏欲睡或者晚上 失眠					
20. 是否食欲不稳定					
21. 是否没"性"趣					
22. 是否经常担心自己的健康					
自杀倾向					
23. 是否有任何自杀的念头					
24. 是否想结束生命					
25. 是否有自残的行为或计划					
总分数					

好了，现在你已经把这份检测自己抑郁状况的自查表给填完了，下面就开始进入统计分数的环节。因为每个选项的最高分是4分，最低分是0分，所以总的最高分是100分，最低分是0分。100分说明抑郁的程度最严重，0分则

说明完全没有任何抑郁的症状。统计完后，可以根据下面的这个表格来评估自己的抑郁状况。

伯恩斯抑郁状况自查表得分说明

总分数	与分数对应的抑郁程度
0～5	没有任何抑郁症状
6～10	情绪略显低落，但属于正常范围
11～25	轻微抑郁
26～50	中度抑郁
51～75	严重抑郁
76～100	极度抑郁
备注：10分以下，都属于正常情况，无须治疗。10分以上者，要根据严重程度接受相对专业的治疗。如果有自杀的倾向，务必找心理健康专家问诊。	

目标明确，人生才能不纠结

　　美国斯坦福大学就人生目标这一话题做过一项调查，调查对象是一群年龄、家庭条件、学历差不多的人。结果发现，这些人里面27%的人没有目标，60%的人目标模糊，10%的人目标明确，3%的人不仅有明确的目标，还把目标写了下来，经常对照检查。25年后，再次对这些人进行调查后发现，当初没有目标的人都处在社会的最底层，整日与流浪汉为伍，靠着救济金过日子；目标模糊的人，普普通通，没有什么大的成就，处在蓝领阶层；目标明确的人，都已经进入上流社会，或者成为白领阶层，各有各的专业；把目标写在纸上并经常检查的人，成了各行各业的领袖以及顶尖人才。由此可见，明确的目标对一个人有着多么重要的影响。

　　中国有句老话叫"人无远虑，必有近忧。"其实，一个人如果没有长远的打算，何止是忧，有时候还会纠结。因为他不知道自己想要什么，所以什么都想尝试，什么都想要，结果到最后不知道要哪一个，不知道该试哪一个。当然，很多人其实也都知道这个道理，也给自己设定了目标，但是依然免不了纠结：为什么我定了目标却失败了，而其他人却成功了？其实，很多人为自己设定了目标之后，要么会在隔了一段时间后突然发现那不是自己想要的，要么会觉得目标太小，盲目改变自己的目标。结果，往往是一个目标还没有实现，又去追求另外一个目标。这种人就属于我们说的那种"常立志"的人。事实上，那些定了人生大目标的人，也有很多小目标。不过，他们并不会在某一次小目标失败后而放弃对大目标的追求，更不会气馁，因此人们很少意识到他们曾经失败过。相反，有些经常修改大目标的人，在每一次失败后都怨天尤人，恨不得想让这个世界上的每一个人都知道他们的痛苦和伤心。所以，目标明确是一回事，关键还需要坚持。

有一幅漫画大家都看过：一个年轻人在地面上挖井找水，每次刚挖到一点就换地方重新再挖。结果连续挖了四五个深浅不一的坑之后依然没有找到水。是地下没有水吗？不是，是因为年轻人没有耐心，不够坚持。事实上，如果把他挖四五个坑用的时间和精力投入到一个坑上，早就挖到水了。人生目标也是这个道理，如果你不坚持，就会在摇晃、纠结、抱怨中虚度一生。战国思想家荀子说过："锲而舍之，朽木不折；锲而不舍，金石可镂。"这句话就充分说明了目标明确和坚持的重要性。

我们都知道，人的欲望是与生俱来的。当人们实现了一个目标之后，就开始不再满足于现状，渴望尝试更高的目标。在通常情况下，这种永不满足的精神可以最大化地激发人的斗志。但是，梦想归梦想，如果目标定得不切实际，就会使自己陷入新的纠结。

曾经有一个非常热门的话题：如果罗浮宫着火，你会救哪一幅画？很多人都会说要救《蒙娜丽莎》。但是，当问到著名作家贝纳尔的时候，他的回答是："我救离出口最近的那幅画。"他的理由是："成功的最佳目标不是最有价值的那一个，而是最有可能实现的那一个。"所以，我们在制定目标的时候，一定要选择最可能实现的那个。如果盲目追求最高目标，很有可能尚未达成目标，自己就伤痕累累了。

拿破仑统治法国后，他率领的军队所向披靡，横扫欧洲大陆。野心勃勃的拿破仑想重新划定欧洲的政治版图，便把征服的目标指向幅员辽阔的俄国。于是，拿破仑率领60万大军，浩浩荡荡地向东出发了。让拿破仑没有想到的是，俄国气候寒冷，很多法国士兵根本就不适应那里的天气。另外，因为俄国幅员辽阔，战线拉得太长，所以拿破仑的军队就像一盘散沙，根本发挥不了应有的战斗力。结果，在进入俄国的61.1万法军中，因战争、饥饿和被风雪折磨而死的有40万人，被俘10万人。与此同时，欧洲所有反拿破仑的力量又重新集合起来。最后，拿破仑在欧洲联军的反击下彻底失败。

拿破仑的失败就在于他缺乏对自身实力的评估，结果到最后兵败如山倒。目标如果定得太高、太大，就很容易让自己陷入进退两难的境地。相反，符合实际的目标反而能够激发人的斗志，增强人的信心。

对于目标，很多人都定得很笼统，比如要成为科学家，想当医生……这些目标都很空泛，很多人即便有目标，也不知道从哪里下手。因此，我们在制定了大目标之后，还应该把目标分解，以便逐一实现。

世界顶级激励大师安东尼·罗宾认为，全面的成功实际上基于许多小目标。任何目标都可以实现，前提是你必须先将它分解为多个小目标。小目标清晰、容易、耗时短，有利于你在实现目标的过程中积累自信心，减少你内心的纠结和迷茫。另外，把目标分解为多个小目标还有一个好处就是，当你偏离目标的时候，比较容易修正。一旦发现错误，就可以立即停下脚步，及时调整自己的状态。荀子《劝学》中有一名句："不积跬步，无以至千里；不积小流，无以成江海。"事实上，这也是提醒我们小目标的实现对于大目标的达成有着不可替代的价值。

智者善变通，愚者常抱怨

　　这个世界上到处都有这样两类人：一类人意志坚强且脚踏实地，另一类人意志薄弱还投机取巧。前者与生俱来的特质让他们敢于面对各种困难和挑战，后者慢慢养成的弊端让他们遇事总是抱怨，甚至逃避。很多人之所以抱怨，最开始只是担心某些事情会发生。他们想当然地认为，自己的抱怨有助于扭转事情的发展。事实上，情况恰好相反。抱怨不但不能消除忧虑，还会使本来不会发生的事情成为现实。

　　抱怨，说白了就是向他人倾诉自己内心的危机感。伴随着这种倾诉，危机感非但不会消失，反而会使自己看上去格外脆弱。一个人一旦养成了抱怨的习惯，那么这个世界上似乎就没有什么不可以成为他抱怨的对象。抱怨社会不公，抱怨怀才不遇，抱怨老板太抠，抱怨……抱怨会让一个人的内心充满怨恨和敌意，使其不再努力改变窘境，也懒得弥合分歧。最终，抱怨的事情不但成了现实，还加剧了它的严重性。

抱怨有时候就像投入思维里的慢性毒药，大脑"中毒"的同时，人生态度、行动等也会被"感染"。在抱怨的生活中，我们的意志不断受到消磨，就像可以"溃堤"的蚂蚁一样，精神之堤瞬间被生活的洪水化为乌有。我们就像陷入了抱怨的泥潭，无法自拔……在平常生活的抱怨中，找不到灵魂的出路，囿于抱怨的牢房。不知道如何走出抱怨的世界，给自己一个完美的世界。

葡萄牙作家费尔南多·佩索阿说："真正的景观是我们自己创造的，因为我们是它们的上帝。我对世界七大洲的任何地方既没有兴趣，也没有真正去看过。我游历我自己的第八大洲。"就像费尔南多·佩索阿说的那样，在生活中，我们才是自己的上帝，我们在创造自己的完美世界。

不抱怨的人更了解自己，也更加知道自己想要什么，所以他们会把抱怨者用于抱怨的时间投入到奋斗中。正因为如此，他们总能够以一种积极的心态和情绪去面对自己的弱势和不足，也正因为如此，他们始终不会倒下。

曾经有个秀才因为不得志，整天在街上瞎晃。一天，过够了这种无所事事的日子后，他决定去找禅师寻求解脱的妙策。禅师沉思良久，滔起一瓢水，问："这水是什么形状？"这人摇头："水哪有什么形状！"禅师不答，只是把水倒入杯子。秀才恍然大悟似的说："我知道了，水的形状像杯子。"禅师没有回答，又把杯中的水倒入旁边的花瓶，秀才又说："我又知道了，水的形状像花瓶。"禅师摇头，轻轻提起花瓶，把水倒入一个盛满沙土的盆。清洁的水便一下溶入沙土，不见了。秀才陷入了沉思。禅师俯身抓起一把沙后，秀才高兴地说："我知道了，您是通过水告诉我，社会处处像一个个的容器，人应该像水一样，盛进什么容器就是什么形状。而且，人极可能在容器中消逝，就像这水一样，消逝得无影无踪，而且一切无法改变！"其实，禅师就是要让他明白：社会是有规则的，或者说是以固定的形态出现的，但是人可以随时改变形态以适应社会，说得更简单一些就是要善于改变自己。

人生在世，不可能事事如意。有时候，我们会遇到周边的环境对我们不利，或者身边的人对我们不善的情况。此时，智者通常就会像水一样灵活变通，而愚者则会像石头一样冥顽不灵，还到处抱怨。抱怨解决不了问题，还会让他人低看你一等。所以，遇到烦心事阻塞了你的情绪时，首先想到的应该是变通自己的思维，变通自己做事的方法，而不是抱怨。

战胜想象出来的恐惧

在这个世界上，引起恐惧的事物很多，而且每个人都会有自己恐惧的东西。正如美国四星上将乔治·史密斯·巴顿曾经说的："如果没有畏惧便是勇敢，那么我从来不曾见过一位勇敢的人。"可见恐惧是多么普遍。

有人畏惧和人交往，也就是我们常说的社交恐惧症。在有些人看来，患有社交恐惧症的人是不可思议的，因为人是社会的产物，谁都不能离开社会而独自存在。但是，真的有很多人害怕与人交往。更让一些人不可思议的是场所恐惧症，患有这种恐惧症的人不能出入一些公共场所，比如商店、剧院等，甚至有些空旷的场所也会引起他们的恐惧。严重的场所恐惧症患者，可能会长时间生活在自己固有的狭小空间里。对于没有这种恐惧症的人而言，他们的行为简直不可

土，叹道："看，水就这么消逝了，这也是一生！"对禅师的话咀嚼良

　　引起恐惧的事情还有很多，但到底哪一种才是最可怕的呢？人们恐惧的深层次原因又是什么呢？这样的问题或许永远没有定论，因为每个人恐惧的事情不一样，即使相似的恐惧原因也有很大差异。话虽如此，但有一件事情是可以肯定的，那就是大多数人的恐惧都来自于个人丰富的想象力。

　　想象力固然是一个好东西，但当它作用于恐惧时，往往会像放大镜一样，把自己的恐惧心理放大。实际上，现实很多时候并没有我们想象的那么恐怖。如果我们对某些事情感到恐惧的时候，就应该对它们进行分类，看看这些恐惧的东西究竟来自于现实生活，还是自己的主观想象。换句话说，就是看看是不是自己在吓自己。

　　当人们在遇到一些可能会对自己不利的事情时，头脑里会条件反射般地先设想这种不利情形的后果。这属于正常现象，本无可厚非，但是当一个人的想象力过于丰富的时候，就会把不利情形想得过于严重。例如，当一个准备不充分的学生参加一场很重要的考时，他就会想："我压根就没有准备好，这场考试肯定考不过。"于是，这个学生就开始幻想各种不好的结果，并对考试产生一种恐惧心理。事实上，这种恐惧的情形在现实生活中根本就不存在，只是他一厢情愿想象出来的罢了。

恐惧不仅仅会放大潜在的风险，有时候也会缩小自己潜在的能力。

在一次心理培训课上，老师拿着三个沙包在讲台上娴熟地抛来抛去，并在空中划出一道美丽的弧线，还没等学生们反应过来，又一只沙包已经离开了他的掌心……就这样，三只沙包在老师的面前井然有序地飞舞着，看得人眼花缭乱。停下来后，老师问："哪位学生敢挑战一下，看能不能在下课前就可以学会像我这样抛沙包？"学生们相视而笑，没有一个人举手。

"这简直就是杂技，怎么可能在下课之前就学会呢？""是啊！我想老师是天天练习才有这样水平的。"大家你一言我一语地议论着。

老师微笑着打断了大家，坚定地说："我敢肯定，每个人只要练3个小时，都可以学会！"

老师的断言让台下的每个人都大吃一惊，大家似乎在用目光询问着："这怎么可能？""3个小时未免太少了吧？"

面对大家的疑惑，老师说："很多时候，我们不是被自己的能力打败，而是被我们想象中的敌人打败。我们会把任务想象得过于困难，于是学会了退缩；我们会把挫折想象得过于强大，于是学会了逃避；我们会把梦想想象得过于遥远，于是学会了放弃。我们有必要仔细思考，我们的想象力真的在对自己说实话吗？"

接下来，每个学员都带着将信将疑的心态开始了抛沙包的练习，结果90分钟之后，一半的学生都学会了这项曾被他们认为很难学会的技能，每个人都体验到了超越"不可能"带来的快乐。

　　正如那位老师所言，很多时候，我们并不是被实际的困难吓倒，而是被自己想象的敌人打败。认识到这一点，我们在克服自己的恐惧心理时，就应该时刻提醒自己，问题、困难究竟是自己想象出来的，还是客观存在的。当然，认识到问题、困难的客观性，本身就已经在情绪控制方面迈出了一大步，如果困难是自己想象的，那么同样相当于在情绪控制方面成功了一半。

第七章
▼
激活阳光心态的6个绝佳技巧
▲

不要忘记微笑

2017年2月11日，比尔·盖茨在微信公众号上发布了一篇名为《我是比尔·盖茨，欢迎来我的微信公众号》的31秒视频短片。在视频中，他向微信粉丝介绍，这是他新开的个人博客，会记录和分享他见过的人、读过的书和学到的功课，他希望中国读者也能一起加入讨论。3月3日，比尔·盖茨发布了一篇文章，标题是《每个人都值得拥有这样一个朋友》。比尔·盖茨所言的这位朋友正是大名鼎鼎的投资家沃伦·巴菲特，而且他在文章中也对自己和巴菲特相识、相知的经历做了一番简单的介绍。需要注意的是，在总结自己从巴菲特这位朋友身上学到的东西时，比尔·盖茨特意提到了两件事：学无止境，笑口常开。或许，这就可以解释为什么出现在公共场合，与政商界名流合影时，比尔·盖茨的脸上总是洋溢着孩童般灿烂的微笑。

如果说微笑是比尔·盖茨与生俱来的气质，自然谈不上"学习"。但是，当他把微笑视为一种从朋友那里学来的技巧时，足以见得微笑在他工作、生活中的价值。那么，比尔·盖茨重视微笑的价值，仅仅因为它是一种处世技巧吗？关于这一点，很容易反驳，因为不管是作为世界首富，还是作为一个天才式的公众人物，比尔·盖茨骨子里都有一种"傲气"。曾经有人把比尔·盖茨和政商名流合影的照片放在一起做对比时发现，他每次都把一只手插在兜里，另一只手与对方握手。从社交礼仪的角度来讲，这种做法是有违"处世技巧"的。所以，比尔·盖茨重视微笑的价值并不是，或者不全是为了社交、处世的需要，更重要的是自己内心的需要。

哲人说，当生活像一首歌那样轻快流畅时，微笑是一件容易的事；而在事事皆不顺心的时候依然可以笑口常开的人，才活得更有价值。糟糕的事情总是会不期而至，对此，我们无法提前规避，也改变不了这样的现实。但是，即便改变不了环境，人们也可以改变自己的心境。在糟糕的客观环境面前，微笑就像是打开自己乐观心境的钥匙。

在生活中，我们无时无刻不被情绪左右：吵架了，怒火冲天；挨批了，抱怨怎么会如此倒霉；分手了，心碎的满地都是……如果任凭情绪爆发，那么情绪就会失控。相反，如果借助科学的方法，就可以有效地消除这些负面情绪，而微笑正是这种科学方法之一。微笑可以消除人们精神上的压力，能够改变我们的认知，进而使人保持一种良好的情绪。那些脸上始终充满微笑的人，更容易对工作充满热情，也更容易对生活充满信心。

印度诗人泰戈尔说："当他微笑时，世界爱上了他；当他大笑时，世界便怕了他。"有时候，即便是对陌生人微笑，也会产生一种极强的感染力，会给自己和对方带来一份好心情，并不断传递下去。

　　一位太太刚刚在一场车祸中失去了自己的丈夫，情绪低落到了极点。因为思夫心切，每到晚上，她就会痛哭流涕，有时候一直持续到天亮。又是一个夜晚，当她在黑暗中哭啼的时候，突然听到了一阵敲门声。打开门后，她看到了邻居家的小男孩站在那里。小男孩向这位丧偶的太太眨了一下眼睛，然后笑盈盈地问："阿姨，刚才停电了，请问您家里有蜡烛吗？"这位太太以为小男孩是过来借蜡烛的，便恶狠狠地说了句"没有"之后，就"嘭"的一声把门关上了。正要转身往里面走时，外面又想起了屏弱的敲门声。她一把拽开门，正准备厉声训斥的时候，只见小男孩举起双手，握着两根蜡烛，依旧笑盈盈地说："阿姨，看到您家里漆黑一片，就知道您没有蜡烛。妈妈感觉您一个人害怕，就让我给您拿两根蜡烛。"刹那间，这位太太心里涌过一阵暖流，鼻子一酸，将那个孩子拥入怀中。

　　卡耐基说："笑是人类的特权。"或许笑正是上帝赐予人类最珍贵的礼物。它就像一股清泉荡漾在人的脸上，使防备的人卸下敌视和戒心。当然，有时候笑也会让人产生误解。只要微笑的人没有恶意，那么时间会澄清一切。

换位思考让你更理解别人

我们都知道，人与人交往需要互相理解，否则就会矛盾丛生。事实上，很多情绪的爆发也正是因为人们没有换位思考的意识。能够设身处地为他人着想，是达成理解不可缺少的心理机制，也是一个人成熟人格的体现。

古往今来，从孔子的"己所不欲，勿施于人"到《马太福音》的"你们愿意别人怎样待你，你们也要怎样待人"，不同地域、不同种族、不同宗教、不同文化的人们，都在不同层面提出过换位思考的意识。当然，换位思考并非只是一种道德教育，它也有着非常现实的作用。比如换位思考能产生同理心，并找到对方的需求，进而更好理解并帮助别人，也让自己的付出有个好的着力点。可以说，换位思考不仅可以减轻自己的烦恼和痛苦，也能给对方减少麻烦。既然是一种双赢的行为，何乐而不为呢？

汽车大王亨利·福特说过："假如有什么成功的秘诀的话，那就是设身处地地为别人着想，了解别人的观点和态度。因为这样不仅会使你与对方的沟通更为顺畅，还可以使你更清楚地了解对方的思维轨迹，从而做到有的放矢，直击要害。"

在生活中，因为环境和角色的不同，人们对同一件事的看法往往不同。当然，别人的观点与自己的观点不同时，并不意味着别人的观点就是错误的。有时候，我们只需要换位思考一下，就可以理解对方的观点，甚至改变自己固有的想法。

在社会心理学中，人们往往会把交往双方的角色在心理上加以置换产生的心理现象称为"角色置换效应"。角色原本是指戏剧、影视剧中演员扮演的人物，现如今已经引申为生活中某种类型的人物，成为社会学、心理学的专用术语。每个人都在社会交往中充当着不同的角色，但在具体交往时往往呈现出的是某个特定的角色。因此，在社会交往中，人们总是习惯于从某个特定的角色出发来看待周边的人和事。结果，这种习惯于以自我为中心的思维方式，往往会引发一幕幕角色冲突的悲剧。比如有的男人是企业或者单位里面的领导，结果回到家里之后依然不改自己的官僚作风，把家里人当作秘书招来唤去。稍有不合心意的地方，就张口大骂。试想一下，这样的家庭会幸福吗？其实，一个人不管在工作场所是什么身份，他/她回到家里就是丈夫、妻子、儿子、父母。如果不随着环境转变角色，就会发生各种不愉快的事情。相反，如果能够根据相处对象，随时调整自己的角色，就会让自己的生活井井有条。比如德国总理默克尔，在政治舞台上，被人们称为"铁娘子"，但在家里，她就是一个合格的妻子，每天早上起来的头等大事就是为丈夫准备早餐。以至于尼日利亚总统古德勒克·乔纳森，甚至号召全国的女性向默克尔学习，为自己的丈夫准备早餐。

角色置换在心理学研究中也被称为"换位思考定律"，指当事双方站在对方的立场上理解对方的感受、想法。通过换位思考，设身处地地理解他人，才能够给对方留下好感，也才能够受到他人的尊重。

据说印度民族领袖甘地生前有一次外出，在火车将要启动的时候，他才急匆匆地踏上车门，结果不小心一只脚被车门夹了一下，鞋子掉在了车门外。此时，火车已经启动，下车捡鞋子已经来不及了。甘地没有犹豫，随即将另一只鞋脱下来，也扔出窗外。一些乘客不解地问他为什么要把另一只鞋也丢掉，甘地说："如果一个穷人正好从铁路旁经过，他就可以得到一双鞋，而不是一只鞋。"

甘地的可贵之处就在于他能时时刻刻站在底层人的立场想问题，时刻将穷人的苦难视为自己的苦难。或许，这也是他为什么被称为"圣雄""印度国父"的原因吧。

换一个角度，换一种思维，那么生活中的很多摩擦、猜忌都会迅速消除。站在对方的立场思考问题，双方的情感更容易沟通，人与人的心才会靠得更近。如果一个人总是能够站在对方的立场思考问题，那么他也就能够更客观地看待问题，从而提升自己的素养。这样，他的内心世界也会更平和，更淡定。

顺其自然轻得失，该放下时且放下

在我们的生活中总会有这样一类人：越是得不到的东西，他们越渴望得到，一旦得到之后，他们反而不懂得珍惜；原本不属于他们的东西，有一天丢掉了，他们会觉得痛不欲生，感觉老天都在和自己做对。当然，我们也总是会遇到这样一些情况：自己原本没有特别期望的东西，结果得到了，感到特别开心。有关得与失的智慧，古人已经有过太多的总结，比如"塞翁失马，焉知非福""失之东隅，收之桑榆"等。现代人经常因为各种得失陷入烦恼，其实是因为缺乏理性看待得失的智慧。

有座禅院里有一大片草地。一天，小和尚从旁边经过的时候，发现上面一片枯黄，便对师父说："师父，让我们在草地上撒点草籽吧，现在这个样子实在是太难看了。"

师父说："不急，等有空了我去买一些草籽。反正什么时候都能撒，随时都行。"

等到中秋的时候，师父终于把草籽买回来，交给小和尚，并说："去吧，把草籽撒在地上。"就在小和尚撒草籽的时候，突然起风了，结果许多草籽都被吹走了。见状后，师父过来安慰道："没关系，吹走的多半是空的，撒下去也发不了芽。担什么心呢？随性就行。"

小和尚把草籽撒上后，许多麻雀飞来，在地上专挑饱满的草籽吃。小和尚看见了，非常惊慌，跑过去对师父说："不好，草籽都被小鸟吃了！这下完了，明年这片地就没有小草了。"

师父不慌不忙地说："没关系，草籽多，小鸟是吃不完的，你就放心吧，明年这里一定会有小草的！"

夜里下起了大雨，小和尚一直不能入睡，他心里暗暗担心草籽被冲走。第二天早上，他早早跑出了禅房，果然地上的草籽都不见了。于是他马上跑进师父的禅房说："师父，昨晚一场大雨把地上的草籽都冲走了，怎么办？"

师父依然不慌不忙地说："不用着急，草籽被冲到哪里就在哪里发芽。随缘就行。"

没过多久，许多青翠的草苗果然破土而出，原来没有撒到的一些角落里居然也长出了许多青翠的小苗。

小和尚高兴地对师父说："师父，太好了，我种的草长出来了！"

师父乐呵呵地点点头说："随喜！"

这位师父不仅是位懂得人生乐趣之人，也是真正的智者。他知道凡事顺其自然，不必刻意强求，反倒能有一番收获。对于小和尚而言，不管是风吹、雨淋，都已经超出了自己掌控的范畴。如果不顺其自然，只能干着急。当然，师父也不是未卜先知，早就预料到草籽会顺利发芽。事实上，他只是看得开罢了。所以，在遇到非常难的事，没有办法解决的时候，不如顺其自然，反倒能够"柳暗花明又一村"。

常言道："命里有时终须有，命里无时莫强求。"当我们太执着于得与失，就容易产生烦躁的情绪。但经验告诉我们，当得失无法掌控的时候，烦躁的情绪只会让我们失得更多。既然过度在意得失只会加剧情绪的不稳定，并让事情的发展变得更糟，那就应该理性地看待得失。那么，对于一时的得失，我们该如何思考才能走出情绪的牛角尖呢？

凡事顺其自然，遇事处之泰然

就像老子强调"无为"并非教导人们不作为一样，我们说凡事顺其自然也不是说对待任何事都要消极接纳。事实上，顺其自然是一种看淡得失、不强求的人生观。这种人生观可以让人避免陷入"过度美化"的现象。比如遇到突发的困难，有人会苛责自己，认为不该出现这样的失误；有人会呵斥他人，仿佛所有的过错都在对方。这两种心态都是不健康的，前者生闷气，后者发怒气，结果都会让自己沦为情绪的奴隶。

当你绞尽脑汁依然想不到解决问题的办法时，不如做个深呼吸，并列出需要处理的事项，从最简单的事做起。当然，不要给自己预设结果，因为这很有可能会让你陷入新的烦恼。总之，不论福祸，都要从中汲取经验教训，这就是人生的智慧。

得意时坦然，失意时淡然

当我们把一件事做成了，告诉自己，要保持平常心，因为表彰也好，荣誉也罢，这一切都会过去；当我们在人生路上遇到了羁绊时，告诉自己，不要气馁，更不用为此而气愤，要知道，这一切也都会过去。

你若乐观，阳光自来

一个家里有两个儿子，其中老大性格积极乐观，而老二的性格则消极自卑。一天，父亲做了一个试验。他让老二独自待在一间装满玩具的房间里，让老大待在一间堆满牛粪的屋子里。

过了一会儿，他去查看，发现性格悲观的老二正坐在玩具堆上愁容满面，就去问他为什么，老二说："爸爸，您给我拿了这么多玩具，我不知道该从哪一个开始玩。"

爸爸将他哄好后又去看老大，结果发现老大正在非常开心地用一根枝条翻着牛粪。看到爸爸后，他兴奋地问："爸爸，您快告诉我，您把玩具收藏到哪堆牛粪下面了？"

　　这个故事很简单，里面的人物形象也不复杂，所以很多人一眼就可以看出乐观者乐观的好处，悲观者悲观的损失。确实如此，在悲观者眼里，再简单的事情都有实际的困难，但在乐观者眼里，再乏味的事情也有乐趣。一个成功的销售员会时刻保持乐观的心态，即使再三遭到客户的拒绝，他也会相信成功终会到来；而平庸的销售员也往往有着这样一个共性：遭到一两次挫败后就会懈怠、放弃，并千方百计给自己找一个理由——我已经尽力了，不成功，我只有认命了。

　　我们常说，机遇只偏爱那些有准备的人，这或许就可以解释为什么悲观者总是抱怨，而乐观者总是感恩的原因了。悲观者非但不擅长把握机遇，还经常把一些原本具有的优势搞砸，而乐观者除了擅长把握机遇之外，还具备一种变劣势为优势的神奇魔力。

　　用乐观的心态看世界，世界便无限美好，到处都充满希望；用悲观的眼光看世界，那么世界将到处都是黑暗。乐观的心态可以把坏事变好事，悲观的心态只会把好事变坏事。乐观是心灵快乐的源泉，也是突破逆境的精神力量。

　　英特尔公司的总裁安迪·葛鲁夫曾是美国《时代》周刊的风云人物。很多人只知道他是美国巨富，却不知道他也有鲜为人知的苦难经历。因为家境贫寒，葛鲁夫从小便吃尽了缺衣少食和受人藐视的苦头。为此，他发誓定要出人头地。还在上学期间，他便表现出了惊人的商业天分：从市场上买来各种半导体零件，组装后低价卖给同学，他从中赚取差价。由于他组装的半导体比原装的便宜很多，而质量却不相上下，所以在学校里很走俏。不过，这并没有影响他的学习成绩，他照样很优秀。可是谁也想不到，他竟是个极度悲观的人，也许是受贫困的家境影响，凡事他都爱走极端，这在他以后的经商之路上淋漓尽致地表现了出来。

那是安迪·葛鲁夫第三次破产后的一个黄昏，他一个人漫步在家乡的河边。他从去世的父母，想到了自己辛苦创下的事业一次次破产，内心充满了阴云。悲痛不已的他在号啕大哭一番后，望着滔滔的河水发呆，他想如果他就这样跳下去，很快就会得到解脱，世间的一切烦愁都与他无关了。突然，对岸走来一位憨头憨脑的青年，他背着一个鱼篓，哼着歌从桥上走了过来，他就是拉里·穆尔。安迪·葛鲁夫被拉里·穆尔的情绪感染，便问他："先生，你今天捕了很多鱼吗？"拉里·穆尔回答："没有啊，我今天一条鱼都没捕到。"安迪·葛鲁夫不解地问："你既然一无所获，那为什么还这么高兴呢？"拉里·穆尔乐呵呵地说："我捕鱼不全是为了赚钱，还为了享受捕鱼的过程，你难道没有觉得被晚霞渲染过的河水比平时更加美丽吗？"一句话让安迪·葛鲁夫豁然开朗。于是，这个对生意一窍不通的渔夫拉里·穆尔，在安迪·葛鲁夫的再三央求下，成了他的贴身助理。

很快，英特尔公司奇迹般地再次崛起。在创业的数年间，公司的股东和技术精英不止一次地向总裁安迪·葛鲁夫提出质疑：那个没有半点半导体知识、毫无经商才能的拉里·穆尔，真的值得如此重用吗？

安迪·葛鲁夫说："是的，他确实什么都不懂，而我既不缺少智慧和经商的才能，也不缺少技术。我缺少的只是面对苦难的豁达心胸和面对人生的乐观态度，而他的这种豁达心胸和乐观态度，总能让我受到感染而不至于做出错误的决策。"

很多时候，我们无法选择自己生活的境遇，也无法决定事情的结局，但是我们在何时何地都可以选择自己的心态。当然，一个乐观的人，他的运气总是不会差的。事实上，美国总统奥巴马就是一个例子。奥巴马曾经在演讲中，调侃自己是一个兜售希望的"贩子"，事实上，他对自己、国家的希望都建立在自己的乐观之上。在接受采访时，他也不止一次地说过，自己是个乐观的人。事实上证明，他的乐观的确带给了他不错的"运气"：在普遍不被看好的情况下成为历史上第一位黑人总统；在重重阻力之下，签署了医疗保险改革法案；在经济低迷的情况下，成为自1940年罗斯福总统以来，第一位在失业率高达7.9%的情况下赢得连任的现任总统。

普希金在《假如生活欺骗了你》中写道："假如生活欺骗了你，不要悲伤，不要心急！忧郁的日子里需要镇静：相信吧，快乐的日子将会来临……"所以，不管在什么时候，遭遇了什么样的境遇，我们都要始终保持乐观。就像盛开的花朵可以招揽蝴蝶一样，我们的乐观终究会引来阳光。

学会遗忘，直面未来

　　我们都知道，记忆力是一个人智力的重要体现。如果记忆力不佳，工作、学习的过程中就会出现很多问题。但是，任何事情都有它的两面性，记忆力也不例外。事实充分证明，如果一个人记忆力太好，那么就会有很多烦恼。

　　有媒体报道过一名被称为"活日历"的美国主妇，据说她能准确说出1980年以来每天经历的大事小情，还被一些媒体称为记忆"超女"。这种"超能力"虽被外界称奇，对于她本人来讲却是一件非常痛苦的事。为此，她还向专家求助希望不再过这种每天脑海中"过电影"的日子。下面就是这位主妇写给一位教授的求助信：

"当我坐在这里向您和您的同事描述我的困境时，只希望你们能够帮助我。我今年34岁，从11岁起，我就有了这种回忆过去的不可思议的能力，但这不仅仅是回忆。我可以想起从1974年到今天的任何一天中，我所做的事和那一天发生的其他重要的事情。我不用看以前的日历，也不需要看我以前的日记。即使我看到电视或是其他地方显示一个日期，发生在那一天的事情就会马上跳入我的脑海，我在哪儿，做什么，都会想起来。一些人发现了我这个'天赋'后非常诧异，并称我为'活人日历'。他们总是突然冲我说出一个日期，想要难住我，而我根本不会被难倒。虽然很多人把这称作是天赋，但对于我来说这是一个负担。我每天都要想起我的一生，这简直让我发疯。"

在我们这个匆忙、繁杂的世界里，我们每天都要接触很多事，很多人，如果脑子只进不出，人就会崩溃。人生是一次体验，生命是我们一路走来的感受，其中有些是美好的、正面的信息，有些是无味的、负面的琐事。我们既要巩固那些美好的记忆，又要淡化那些负面的思绪。大脑就像湖水一样，记住一些东西，意味着有新鲜的水注入；遗忘一些信息，意味着让一部分污浊的水流出。这样一进一出之后，湖水就成了活水。

心理学家认为，在正常的情况下，人的脑细胞每天死亡10万个左右，一旦受到外界的强烈刺激，脑细胞的死亡数量就会成倍增加。如果把那些负面的信息一直留在大脑中，就相当于让大脑每天遭受这些负面信息的刺激。长此以往，对于大脑和人的健康都是有害的。那么，如何才能做到忘却过去的痛苦呢？

转移情绪，以乐制忧

当代著名画家陈冰之说："每当想起不幸的遭遇，我就去作画，从而使我立即沉醉于艺术世界里，转移不快的情绪。"找一些有意义的事去做，比如与朋友去KTV唱歌，去公园散散步，到操场跑跑步等，都能帮你克服不良情绪。总之，当你感觉被一些琐碎的负面情绪缠身的时候，一定不能闲着，因为这只会让那些负面情绪在你脑子里翻滚，并加深你对它们的印象。

改变环境，走进自然

当我们在一个环境待的时间久了，很自然地就会产生厌烦情绪。另外，在一个特定的环境中如果发生了不愉快的事情，往往就易使人触景生情。所以，换一个环境，则有助于我们忘却痛苦。对于改变人们的心情，没有比大自然更理想的场所了。特别是在高山上感受"会当凌绝顶，一览众山小"的气魄，或者在海岸边体会一番烟波浩渺的广阔，都会让你的内心深有感触。你会感到世界之伟大，自己的痛苦与不幸实在算不了什么。

超越烦恼，自我放松

英国作家萨克雷说："生活是一面镜子，你对它笑，它就对你笑，你对它哭，它就对你哭。"如果我们能够以愉快的态度微笑着对待生活，淡泊名利，潇洒人生，生活就会轻松快乐。一个满脑子金钱、名利与地位的人，一辈子都难以真正快乐，他会永远生活在痛苦之中，因为欲望是无止境的。

好记忆是一种能力，会忘记是一种智慧。任何一个渴望拥有阳光心态的人，都不应该只有能力而没有智慧。

活在当下才是最智慧的行为

在现实生活中，人们经常会因为各种各样的问题而产生厌烦的情绪。若是把所有的问题汇总到一起，则可以归结为两个因素：沉湎于过去的事情，追悔莫及；总想着未来的事情，无端恐惧。那么，如何让这些负面情绪远离自己，重回阳光心态呢？事实上，活在当下才是智者之为。

有这样一则小故事，说的是一位小和尚，每天负责清扫寺庙院子里的落叶。若在平时还好，可是在秋冬之际的清晨，气温很低，起床扫落叶实在是一件苦差事。而且，每一次起风时，树叶总随风落下。每天早上都需要花费许多时间才能清扫完树叶，这让小和尚头痛不已。他一直想要找个好办法让自己轻松些。后来有个年长的和尚跟他说："你在明天打扫之前先用力摇树，把落叶统统摇下来，后天就可以不用辛苦扫落叶了。"

小和尚觉得这个办法不错，于是隔天他起了个大早，使劲地猛摇树。他希望通过这样，可以把今天跟明天的落叶一次扫干净。第二天，当小和尚到院子看时，不禁傻眼了。院子里和平时没有两样，依旧到处都是落叶。

老和尚走了过来，意味深长地对小和尚说："傻孩子，无论你今天怎么用力，明天的落叶还是会飘下来啊！"

在生活中有很多像小和尚一样的人，企图把人生的烦恼都提前解决掉，以便将来过得无忧无虑。实际上，很多事是无法提前完成的。过早地为将来担忧于事无补，只能让自己活得很累，让自己觉得非常失败，这样就剥夺了本该属于自己的快乐。

活在当下其实也是佛教禅宗的一种人生观，它告诫我们，应该放下过去的烦恼，舍弃未来的忧思，把所有的精力都放在眼前的这一刻。时间如流水，一去不复返，一个不懂得珍惜现在的人，也不可能珍惜今生。如果不能拥抱现在，也无法拥有未来，这样的人只会陷入坏情绪的无限恶性循环。

中国有句老话叫"车到山前必有路，船到桥头自然直"。不过度担忧未来，也不预支明天的烦恼，不想着早一步解决掉明天的烦恼，生活自然轻松、自在。而怀着忧愁度过每一天，设想自己可能遇到的麻烦，只会徒增烦恼。实际上，很多烦恼即便等到临近时再去考虑也不迟。当然，这样做还有一个好处，即规避人们无端在脑子里想象出来的很多并不存在的烦恼。这并非无稽之谈，事实上，很多人想象出来的烦恼，比真正出现的不知多出多少，而且它们事后也没有如预期的出现。

虽然我们都知道无端沉溺于过去或者担忧未来都是不理智的行为，但现实生活中总是不乏这样的人。更有甚者，有些人甚至将几十年前的小事都记得清清楚楚，还时不时拿出来唠叨两句。总是抱怨，总是对现状不满，他们不明白为什么自己的情绪总是"阴雨连绵"。事实上，这正是因为他们在记忆一些微不足道的小事方面的能力太强所致。当然，对于未来总是忧虑的人，他们的想象力总是很丰富。不过，与那些有杰出贡献的科学家相比，这些人的想象力更多的会把自己的现状与未来的负面联系在一起。我们常说的"世上本无事，庸人自扰之"就指的是这样的人。

当然，活在当下说起来容易，做起来未必简单，就连一些曾经在某一领域有突出贡献的伟人也有迷茫、忧虑的时候。

被称为"现代医学教育始祖"的威廉·奥斯勒就曾经对生活的方方面面产生忧虑。他担心怎样通过期末考试，担心该做些什么事情，该到哪去，怎样才能开业，怎样才能过活。不过，这种状况并没有在他身上停留多久，因为在1871年春天的时候，他在一本书上看到了对他前途有莫大影响的一句话。这句由汤玛士·卡莱里所写的话是："最重要的就是不要去看远方模糊的事，而要做手边清楚的事。"

42年后，在一个温和的春夜，郁金香开满校园的时候，威廉·奥斯勒爵士在耶鲁大学演讲，在被问到他成功的秘诀时，他特意提到"活在一个完全独立的今天里"这句话。这句话虽然不是汤玛士·卡莱里的原话，但意思都差不多。由此可见，这句话对奥斯勒爵士的影响之深。那么，这句话的意思是，我们对于明天可能发生的事就不闻不问吗？当然不是，而且这也不符合奥斯勒爵士的初衷。正如他在后面的演讲中提到的："为明日准备的最好方法，就是要集中你所有的智慧、所有的热诚，把今天的工作做得尽善尽美，这就是你能应付未来的唯一方法。"

　　奥斯勒爵士是一个懂得生活的人。反观现在的很多人都会为自己的将来感到忧虑、焦急，甚至会庸人自扰，天天烦恼。殊不知，其实生活给了他们很多启发乃至带来许多成功的机会，而他们在虚度光阴中错过了。奥斯勒爵士从一句话中得到了启示，悟出了生活的真谛：只有把握好今天，把今天的工作做得尽善尽美，才是对付未来的唯一方法。

　　公元前500年，古希腊哲学家赫拉克利特曾经这样告诫他的学生："每件事物随时都在发生变化，你不能两次踏进同一条河流。"河流每分每秒都在变化，所以走进河水的人也在不停变化。生命就是一个永不停息的变化过程。我们唯一确定的就是今天，为什么要沉溺于已经无法改变的昨天以及尚不能确定的明天呢？抓住今天，活在当下，唯有这样才是对昨天最好的回应，也是对未来最佳的承诺。

第八章

▼

规避阴暗情绪的
8种方法

爱心不仅能改变他人，还能改变自己

在人类的情感世界里，爱无疑占据着最为特殊的地位。爱就像阳光一样，为我们的社会带来了温暖和光明。特蕾莎修女说过："爱，创造出力量。随处散播你的爱心，就从对你的家人开始，多一分关爱给你的孩子，你的另一半，然后你的邻居……让每个接近你的人都有如沐春风的感觉。给别人一个关怀的眼神，一个灿烂的微笑，一个温暖的拥抱，为上帝的仁慈做见证。"如果一个人想规避阴暗情绪的困扰，没有爱的参与，几乎是不可能的事情。

有位教社会学的大学教授，曾叫班上学生到巴尔的摩的贫民窟，调查200名男孩的成长背景和生活环境，并对他们未来的发展进行评估，每个学生的结论都是"他毫无出头的机会"。25年后，另一位教授发现了这份研究，便叫学生做后续调查，看昔日这些男孩今天是何状况。结果根据调查得知，除了有20名男孩搬离或过世，剩下的180名中有176名成就非凡，其中担任律师、医生或商人的比比皆是。惊讶之余，这位教授决定深入调查此事。他拜访了当年曾受评估的年轻人，向他们请教同一个问题："你今日会成功的最大原因是什么？"结果他们都不约而同地回答："因为我遇到了一位好老师。"

那位老师当时仍健在，虽然年迈，但还是耳聪目明。教授找到她后，问她到底有何绝招，能让这些在贫民窟长大的孩子个个出人头地。这位老太太眼中闪着慈祥的光芒，微笑着回答道："其实也没什么，我爱这些孩子。"

因为爱，所以乐于心甘情愿地付出；因为爱，所以能够避开恶劣环境的干扰，直到最后出人头地。不管是这位帮助贫民窟的孩子出人头地的老太太，还是那个曾经获得过诺贝尔和平奖，服务印度加尔各答穷人的特蕾莎修女，都有一个共同点：她们的爱心不但帮助了他人，而且成就了自己。人生尚且会因为爱心而改变，更何况小小的情绪呢？所以，任何渴望控制情绪的人，都不能小看爱心的培养。

希格尔是一位医生，有一次正在为患者看病的时候，突然冲进来一位怒气冲冲的精神病患者，对着希格尔做出攻击的架势。西格尔医生并没有恐惧，也没有退缩，而是镇定地站起来，看着对方的眼睛，然后微笑着说："我爱你！"转瞬间，那个精神病患者就像是吃了一颗定心丸，不再愤怒，也没有了攻击的架势，没一会儿就转身离开了。

　　这戏剧性的一幕不正表现了希格尔医生的机智和爱心吗？通过这个故事我们也可以探视到，原本一位无法控制住自己的人内心其实是多么脆弱，多么渴望得到他人的关爱。

　　曾经有一位没有子女，也失去了丈夫的老人独自生活。她的脾气非常古怪，从来不主动和他人说话。邻居们几乎从来没有在她的脸上看到过微笑。有一次，这位老人正在家里休息的时候，突然闻到一股烟味。打开房门一看，原来烟是从隔壁家里漫过来的。紧接着，她就听到了房间里有小孩的哭声。来不及思考，她就赶紧试图拉开邻居家的门，但门是从里面反锁着的，根本拉不开。这位老太太便返回自己的房间，在阳台上搭了一个木板，并爬到了邻居家。果然，邻居家的厨房着火了，而且除了一个小女孩之外，再没有其他人。她赶紧抱起正在那里痛哭的小女孩，逃离了火海。没过多久，火警就赶到了，迅速控制住了火情。从那以后，这位老太太似乎对邻居家的小女孩产生了一种莫名的好感。有时候，她的父母加班，晚饭干脆就在这位独居的老太太家里吃。有时候，晚上直接就睡在老人家里。如果这个小女孩哪天因为贪玩没有写作业，老人就会像教训自己孙女一样，把她从外面拉回来，看着她把作业写完。不仅如此，因为有了女孩的"陪伴"，老太太的性情也好了很多，与小区里的邻居交流也多了。有一次，有位年龄与老太太差不多的老人问她："你怎么现在那么关爱你邻居家的小女孩？"老人说："我冒险把她从火海里救出来，忽然感觉她的生命里也有一部分属于我的。她好了，我就会更好。"

　　爱有时候就是如此神奇，你把爱施加给他人，自己反倒更加有爱，而且性情也变得更为开朗。所以，当你的情绪不佳的时候，多去做些能够展现你爱心的事情，比如做做义工什么的。我们常说"助人为乐"，其实就是爱心最为直观的体现。当你在爱心的驱使下帮助了他人之后，自己的情绪也会豁然开朗。既然如此，何乐而不为呢？

常怀感恩之心

　　2017年2月3日，一则发生在澳大利亚纽卡斯尔大学的捐赠事件引起了各大媒体的争相报道。据该大学宣布，阿里巴巴董事局主席马云通过马云公益基金，出资2600万澳元（约2000万美元）设立了"马—莫利奖学金"项目（The Ma & Morley Scholarship Program）。这是纽卡斯尔大学有史以来收到的最大规模捐赠，也是马云公益基金第一笔海外助学基金。那么，马云为什么会把数额如此巨大的一笔款项捐给这所学校呢？

　　原来，早在30多年前，当时16岁的马云与澳大利亚人Ken成了笔友。马云在杭州师范大学念书时，Ken一共为他提供了约200澳元的支持。如今，马云以2000万美元的奖学金计划回报Ken曾给予他的帮助。在谈到为什么选择纽卡斯尔大学，而不是澳大利亚更有名的悉尼大学、墨尔本大学时，马云说："Ken没有上过大学，但是经常和我谈起纽卡斯尔大学。我不知道是什么原因，如果我足够幸运，能够成功，我总想我想要为纽卡斯尔大学做点事情，因为这是Ken经常提到的一所大学。"

事实上，这次捐赠并非只是一个孤立的事件，因为马云身上那颗感恩的心在其他领域也有所展现，比如2016年底投资国安一事。据马云表示，自己注资北京国安，完全是为了知恩图报，因为北京国安的人在他当年非常落魄的时候，曾经非常慷慨地帮助过他。尽管当时只有2000元钱，但是对于马云来说，已是感激不尽。

与马云相似，美国前总统罗斯福也是一个常怀感恩之心的人。据说有一次他家里失盗，被偷去了许多东西。一位朋友闻讯后，忙写信安慰他。罗斯福在回信中写道："亲爱的朋友，谢谢你来信安慰我，我现在很好，感谢上帝，因为第一，贼偷去的是我的东西，而没有伤害我的生命；第二，贼只偷去我部分东西，而不是全部；第三，最值得庆幸的是，做贼的是他，而不是我。"对任何一个人来说，失盗绝对是不幸的事，而罗斯福却找出了感恩的三条理由。

马云、罗斯福都是经历过惊涛骇浪般挫折的人，但我们很少听过他们说消极的言语，也很少看到他们阴沉的面容。虽然不清楚是他们的性格本身让他们更懂得感恩，还是感恩的心让他们的内心更强大，但是可以清楚地看到，感恩在他们的思想行为中绝对占据着非常重要的分量。

很多人之所以容易情绪低落，或者经常陷入阴暗的心理处境中无法自拔，就在于他们总是抱怨、埋怨，感觉别人亏欠他们的太多。虽然这种心理本身就是扭曲的，但是当一个人这样想的时候，他就会对此坚信不疑。相反，当你试图让自己用一颗感恩的心来看待这个世界的时候，就会发现自己其实很幸福。

200澳元即便在几十年前也不算多，而且这样的恩也用不着"耗资"2000万美元来报，但马云不这样想；家里失盗，损失巨大，即便不悲伤，也没必要列出几条理由表示感谢，但罗斯福不这样想。一个人是否能够拥有感恩的心，有时候并不取决于事情本身，而在于他们的思维方式。当一个人觉得自己需要感恩的时候，他总是会找充分的理由；当一个人没有感恩的意识时，他也总是会找到各种各样的借口。

在《牛津字典》里，感恩的定义是"乐于把得到好处的感激呈现出来且回馈他人"。可见，感恩是内心发出的最真诚的情感，所以民间流传着"受人滴水之恩，定当涌泉相报"的典故。古人亦有云："施人慎勿念，受施慎勿忘。"从某种程度上讲，感恩是一种认同，是一种回报，更是一种处世哲学，人生智慧。马云、罗斯福的故事各异，他们身上所展现出来的精神品质却可以在历史上很多伟人、智者身上发掘。虽然感恩并不能直接作用于一个人的成功，但是当它内化成一个人的精神动力、心理支撑时，其作用力绝对不亚于任何一股力量。所以，感恩本身并不是最重要的，重要的是，当一个人有了感恩的心时，它所呈现出来的意义。

使人知足

俗话说，知足常乐。知恩、感恩、谢恩，人才会懂得知足。人知足，心常乐，阴暗的情绪自然就会一扫而光。

使人成长

感恩体现出的是一种学习心态。从别人所做的"一切"（注意是一切，绝不只是某些或某一部分）当中去体验和学习做人之道，处事之道，从而使自己变得越来越完美。俗话说，没有最美，只有更美。人生的使命，就是使自己不断变得更完美。

使人与环境融洽和谐

懂得感恩的人，少与人争，也更懂得与人为善。一个知恩、感恩的人，他的生活环境必定是完美的，使他幸福平安的。否则，一个人一生不会有安生的日子过。

通过感恩的这几个意义，我们可以发现，感恩表面上对别人最有利，但从根本上讲，最大的受益人是自己。

对生活充满好奇心

苏联著名教育实践家和教育理论家瓦·阿·苏霍姆林斯基说过这样一句话："人的内心里有一种根深蒂固的需要——总是感到自己是发现者、研究者、探寻者。在儿童的精神世界中，这种需求特别强烈。但如果不向这种需求提供养料，即不积极接触事实和现象，缺乏认识的乐趣，这种需求就会逐渐消失，求知兴趣也与之一道熄灭。"如果一个人没有了好奇心，就失去了求知的欲望；没有了求知的欲望，人就会陷入庸俗、无聊；人一旦陷入庸俗、无聊的境地，那么其他负面情绪就会蜂拥而至。所以，好奇心对于我们控制自身情绪有着非常重大的价值。

好奇心在人类历史上的重要意义不言而喻，事实上很多科学上的重大突破都是好奇心的功劳，比如牛顿对一个苹果产生好奇，于是发现了万有引力；瓦特对烧水壶上冒出的蒸汽十分好奇，最后改良了蒸汽机；伽利略看吊灯摇晃而好奇，尔后发现了单摆。当然，普通人或许没有牛顿、瓦特那么聪明的大脑，但这并不意味着好奇心对普通人就无用。因为在科学领域，激发人的灵感只是好奇心其中的一个作用，事实上，它还有很多其他的好处。

增强人际关系

美国宾夕法尼亚大学本·迪恩博士通过研究发现，对身边人和周围世界充满好奇心的人，社交生活会更加丰富。共同的兴趣能拉近人与人之间的距离，增加社交机会。充满好奇心的人，往往更有生活情调，不仅善于聆听，而且十分健谈。

保护大脑，增强记忆力

好奇心可以有效刺激大脑，保持思维的活跃。另外，好奇心还能够延长记忆。对于某个事物，我们越是好奇，它在记忆中存留的时间就越长。

帮助克服焦虑

美国《焦虑症杂志》刊登美国乔治·梅森大学心理学家托德·卡什丹教授完成的一项新研究发现，对结识有魅力陌生人的好奇和兴奋有助于赶走焦虑。好奇心强的人在社会交往过程中，更可能采取积极措施解决冲突危机，克服焦虑情绪。

提升幸福感

通过不同的实验研究，心理学家们已经确认了好奇心与大脑中负责奖赏和快乐的多巴胺系统之间的联系。当我们因为强烈的好奇心而想要了解某个知识或者信息时，这个知识或信息就成了一种"奖赏"，它们的获得会使大脑中奖赏回路（reward circuit）中的多巴胺增多，我们便会因此有种满足和快乐感。另外，也有心理学教授通过研究发现，幸福感涉及6大因素：活在当下、好奇心、做想做的事、利他行为、良好的人际关系以及善于照顾自己。好奇心会让人更加坦然地接受挑战。好奇心强的人，不论是面对顺境还是逆境，都能找到生活的意义和乐趣。

学习更多东西

美国《神经元杂志》刊登的一项新研究发现，好奇心一旦被激起，学习不那么有趣的事情就会变得更加简单。比如，如果感觉自己学不下去，不妨花10分钟看看自己最爱的电视节目，然后再继续学习。这类方法有助于激起好奇心，刺激大脑快乐中枢，从而有助于提高学习效率。

既然好奇心如此重要，那么在平时生活中就应该有意识地培养自己的好奇心。比如平时多看看报纸、刊物，阅读自己感兴趣的文章，同时对于不太感兴趣的也要稍微关注；有意识地观察平时不怎么关注的事物；观察之后，最好写下自己的所得，并将无法回答的问题记录下来。当然，还有最为重要的一点：像孩子一样，多问几次"为什么"。

好奇心对于增长我们的见识，控制我们的情绪有着多方面的好处，但是，在培养自己好奇心的同时也应该警惕一些误区：见什么，爱什么。事实上，这种对什么都充满好奇的心理反而会让人陷入另外一种窘境：做什么事都半途而废。如此一来，原本可以调节人情绪的好奇心理到最后又成了破坏人情绪的元凶。所以，好奇心少不了，但也需要有度。

以宽容心待人

　　生活不可能总是一帆风顺，无论是含着金钥匙出生的富二代，还是沿街乞讨的流浪汉，都会遇到各种不如意的事情。在不如意的事情面前，很多人沦为负面情绪的奴隶。比如有些个性较强的人，可能会把火爆的脾气对向他人。但是，这些无法控制自己情绪的人会给他人留下什么印象呢？毫无疑问，没有人会因为他们的火爆脾气而喜欢上他们的性格。相反，人们会远离他们，害怕他们。控制不住自己脾气的人，不管是在工作上，还是在处理人际关系方面，都会给自己制造出难以跨越的障碍。观察历史上那些能够成大事的人物，很容易就会发现他们身上的一个共性：心胸宽广。事实上，当一个人有宽广的心胸时，他才能控制住自己的情绪，也才能够掌控自己的人生。

有"南非国父"之称的曼德拉，也是享誉全球的诺贝尔和平奖得主。他曾经为了改变南非的种族歧视以及各种社会问题，进行了长达五十余年的艰苦斗争。

1962年8月，曼德拉因为反对种族隔离政策而被捕入狱，统治者将他关押在荒凉的大西洋群岛中的罗本岛长达27年。尽管当时的曼德拉年事已高，但统治者并没有宽待他，而是下令像对待其他年轻犯人一样严厉地对待他。每天早晨，曼德拉和其他犯人一样来到采石场，用尖镐和铁锹挖掘石灰石。除了这些工作之外，他还必须将采石场的大石块敲碎成可用的石材。因为曼德拉是要犯，所以身边总是有三位看守员对他严加监管。这三位看守员身上还肩负着统治者一道特殊的"命令"：寻找各种机会虐待曼德拉。

1990年2月11日，南非当局在国内外舆论的压力下，宣布无条件释放曼德拉。1994年5月，曼德拉成为南非第一位黑人总统。在总统就职典礼上，曼德拉起身致敬，欢迎来宾。他介绍了来自世界各地的政要名人，也包括当年在罗本岛虐待他的三名看守员。看着年迈的曼德拉恭敬地向三名看守员致敬时，所有现场的嘉宾以及全球观看电视转播的观众都安静下来了。曼德拉解释，自己年轻时脾气非常火爆，待人接物也很不稳重。正是在监狱里的磨炼，才让他学会控制情绪。他还说，感恩与宽容经常是源自于痛苦与磨难的感同身受。最后，他这样说："当我走出监狱，一步步迈向通往自由的大门时，我就下定决心，要把悲痛与怨恨留在身后。因为如果不这样做，我就如同依然困在狱中。"

俗话说："冤冤相报何时了？"一味地仇视他人，无异于给自己的心灵上了一把枷锁，于人于己都不利。曼德拉用宽容的心去谅解别人，不仅感化了别人，还解放了自己的心灵。

在人际交往中，我们经常会通过外在的客观事实，加上自己情感上的判断来区别"朋友"和"敌人"。既然是我们自己确立了敌我的界限，当然也只能由我们自己来化解仇恨。曼德拉之所以能宽恕那些曾经折磨他的人，是因为他认为宽恕是让自己从磨难中解脱的钥匙。当自己不再因为过去的经历而愤恨不平时，内心的伤痛才能真正得到平抚。曼德拉的宽容，感动了世界，也成就了自己。

很多人总以为看到自己憎恨的人得到报应，自己就会内心舒坦。其实，这种想法很幼稚。事实上，无论你采取多么激烈的手段实施报复，伤害的记忆都不会消除。另外，当你报复成功之后，对方就成了受害者，此时你就要时时提防对方的报复。所以，真正的"报复"就是宽容。

哲学家说："宽容是一个人修养和善意的结晶。"宽恕别人，就等于解放自己。如果缺少宽容他人的雅量，那么你就会生活在痛苦之中。宽容待人表面上看是为了他人，其实从根本上讲是为了自己。

未有成就前，看淡自尊心

自尊是一个大家都耳熟能详但又说不清楚的概念：有的人认为尊严重于生命，比如古人"不吃嗟来之食"的典故；有的人认为尊严是自欺欺人，可有可无。事实上，这两种观点都不是对自尊客观、全面的认识。当然，人们之所以会对自尊有如此明显、严重的分歧是有原因的，因为自尊本身也有自己的悖论。

幸福心理学家通过研究发现，幸福就像是一个变色魔方。幸福的人不知幸福，往往是意识到幸福问题时已经不再幸福了。一个本身就拥有幸福的人很少关心什么是幸福，也不会刻意追求幸福。相反，那些越是对幸福充满向往的人，则恰恰也说明了，他们不幸福。人们对自尊的追求其实也和幸福魔方一样：低自尊的人总是努力追求高自尊，而高自尊的人不会考虑自尊问题。

　　自尊悖论就是这种现象，不同类型的缺少自我价值感和满足感的人用各种手段努力维护自尊。这种自我满足、自我驱动以及在自我方面体现出来的本真自尊，是人生最宝贵的和唯一的幸福资源，像空气、水一样是生命的必需品。一个人若出于某些先天的原因不具有这种资源，会发生什么事呢？他会努力挣扎、奋力呐喊，一句话，为了获得这种资源而不惜一切代价。有的人不具备改变自己的能力，或者时机还未成熟，因此很多人便通过某些替代品来让自己感觉良好。但是，这些替代品只能暂时滋养人的虚荣心，无法满足我们对于意义的根本需要，因此，在追求这些替代品的过程中就会出现诸如失望、沮丧、愤怒等情绪。所以，原本为了拥有自尊，结果到最后却越来越没自尊。

　　一个人如果把高自尊当成生活的目标或者人生的真谛，就像是坐反了公交车。车越是加速，你就离自己真正想要的东西越来越远。世界首富比尔·盖茨给年轻人的十句忠告里有这样一条忠告："世界不会在意你的自尊，人们看的只是你的成就。在你没有成就以前，切勿过分强调自尊。（因为你越强调自尊，越对你不利）。"这句话不仅道出了自尊的悖论，而且也给现在的年轻人提了一个醒：年轻的时候，事业为重，自尊其次。要知道，自尊和事业，特别是起步的事业，通常都是成反比的。

　　阿里巴巴创始人马云被称为"创业教父"，他的励志故事在中国各大媒体、杂志、图书上面以各种不同的版本上演。然而，即便是这样一位偶像级的人物，在创业初期也有着心酸的经历。

　　马云刚开始创建阿里巴巴的时候，相当艰难，每个人工资只有500元。很多时候，公司的开支一分钱恨不得掰成两半来用。外出办事，发扬"出门基本靠走"的精神，很少打车。据说有一次，大伙出去买东西，东西很多，实在没办法了，只好打的。大家在马路上向的士招手，来了一辆桑塔纳，他们就摆手不坐，一直等到来了一辆夏利，他们才坐上去，因为夏利每公里的费用比桑塔纳便宜2元钱。阿里巴巴曾经因为资金的问题，几乎到了维持不下去的地步。

另外，马云还有一段视频在网上疯传：1996年，这个又矮又瘦的年轻人骑着自行车，挨家挨户推销自己的黄页，大部分人连门都不开。

事实上，除了这些"囧事"之外，他曾经还有很多打击人自尊心的经历。比如，第一次参加高考，首次落榜，数学只得了1分；跟表弟一起到一家酒店应聘服务生，结果表弟被录用，自己惨遭拒绝，老板给出的理由是马云又瘦又矮，长相不好。后来，马云做过秘书、搬运工人，甚至蹬三轮给杂志社送书。

这些事情放在绝大多数普通人眼里，都是很没面子的事情。但是马云不在意，而且扛过来了。或许我们也可以这样讲，如果马云的自尊心再高一点，他后来的人生或许就会变样。自尊心从来没有成为马云的障碍，也没有成为他奋斗的目标，但是如今，还有谁的自尊心比马云更值钱？

在没有任何成就之前，不要太在乎自己的自尊，因为此时的自尊是你的软肋；在有所成就之后，不要忘记自尊，因为此时的自尊是你的灵魂。当自尊是人的软肋时，人越是追求它，情绪就会越糟糕，思绪也会越混乱，人生也会越坎坷。所以永远记住：有成就，自然就有自尊；没有成就，不妨看淡自尊。

测测你的自尊水平——德克萨斯社会行为问卷

请指出你在多大程度上同意如下说法，并在最能代表你感受的数字上画圈。

1. 一点也没有描述出我的特点

2. 没有很好地描述出我的特点

3. 部分地描述了我的特点

4. 较好地描述了我的特点

5. 很好地描述了我的特点

1. 除非别人先主动和我说话，否则我不会主动跟别人说话	1	2	3	4	5
2. 我认为自己是自信的	1	2	3	4	5
3. 我对自己的外表很有信心	1	2	3	4	5
4. 我与人相处很好	1	2	3	4	5
5. 在人多时，我很难想到适当的话题	1	2	3	4	5
6. 在团体中，我通常做别人想做的事情，而不是提出自己的建议	1	2	3	4	5
7. 当不同意别人的意见时，我的观点总能获胜	1	2	3	4	5
8. 我认为自己是一个想掌控局势的人	1	2	3	4	5
9. 别人很仰慕我	1	2	3	4	5
10. 我喜欢与别人在一起	1	2	3	4	5
11. 我强调正视别人	1	2	3	4	5
12. 我很难让别人关注自己	1	2	3	4	5
13. 我宁愿少为别人负责	1	2	3	4	5
14. 身边有权威性高于自己的人时，我不会觉得不舒服	1	2	3	4	5
15. 我认为自己优柔寡断	1	2	3	4	5
16. 我毫不怀疑自己的社交能力	1	2	3	4	5

分数计算：把负向问题1、5、6、12、13、15的得分反过来，1＝5分、2＝4分、3＝3分、4＝2分、5＝1分，然后把16个题目的总分相加，分数越高，表明自尊水平越高。

循序渐进，隐匿浮躁心

　　曾几何时，"时间就是金钱，效率就是生命"的口号在改革开放初期的蛇口提出，如一股强烈的冲击波，当时对国人思想产生了巨大影响，从而改变了人们的时间观念、效率观念。现如今，很多人依旧珍惜时间，注重效率，但味道变了。一个最为明显的例子就是各种快餐文化在都市流行，比如看名著只看精简版，学东西只报速成班。

　　快餐文化是我们这个时代的特色，在这种文化的熏陶下，人们处处强调速度和效率。客观来讲，快餐文化也并非一无是处，因为它确实在很多地方方便了人们，节省了时间。但是，快餐文化也带来了诸多不好的风气，浮躁便是其中之一。浮躁是一种集冲动和盲目为一体的负面心理，它给人们的生活和事业带来严重的负面效果。

　　曾经有一个口才非常好的老板，在圈子里有点名气。后来，他拿自己几年来积攒起来的积蓄与朋友合伙创办了一家图书公司。公司刚起步时，进展非常顺利。不过，这位老板依然不满足，感觉公司经营的方式还有点老套，而且盈利增长得太慢了。于是，他想到了一个好办法：创办企业员工培训班。他认为这样不仅能够增加收入，还可以提高公司的知名度。不过，当他把这个想法告诉外一个合伙人的时候，却遭到了反对。那位合伙人说："我们的图书公司刚刚发展起来，现在正处于原始积累阶段。如果现在搞新业务，就很有可能会导致资金链中断，到时候会有破产的危险。"

　　这位老板认为合伙人太谨慎了，便反驳道："只做演讲我也能赚到钱，为什么把演讲和我们的图书公司放在一起就不行了呢？况且很多公司不也在开展这项业务吗？"

　　"那是因为人家已经有了一定的基础，在社会上也有了一定的影响力。再者说，那些大公司人才济济，所以才能够做得起来。再看看我们公司，员工加起来也就十几个，连本职工作都很紧凑，哪有精力去做别的事情？"

　　老板不以为然，反问合伙人："你是不相信我的能力吗？"

　　合伙人听他这么一说，知道再劝也无济于事了，索性就不管了。结果，培训班刚办起来没多久，图书公司就因为领导层的一次决策失误造成了巨额损失。资金不足，人员紧张，领导层不合，每一个问题都让老板焦头烂额。最后，苦苦撑了半年之后，培训班倒闭，图书公司也到了破产的边缘。

　　我们都知道一个成语叫"循序渐进"，意思是说无论做什么事都不能心浮气躁，急功近利。浮躁很容易破坏人的心智，让人看不清现实，盲目做出决策。我们经常羡慕那些成功人士，总觉得只要模仿他们的做法就可以成功。其实，我们只是看到了他们辉煌的时刻，却没有看到他们奋斗的历程。

很多成功人士并不是机遇好，而是通过踏踏实实的努力，一点一滴积累之后才走向成功的。他们不妄想，不急躁，更不会异想天开，属于真正的拼搏者。

美国社会学家做过一个调查：在接受调查的几百个百万富翁当中，许多人都是辛苦大半辈子，到了50多岁的时候才成为百万富翁的。在他们成为百万富翁之前，都在从事一些不起眼的小事，踏踏实实地坐着资本的原始积累。我们可以从这项调查中得知：没有人可以随随便便成功，任何一个人的成功都是在长期的努力和踏实的坚持之后才获得的。

当然，不仅仅是商人，很多获得诺贝尔奖的科学家，也都是脚踏实地、循序渐进的典范。比如获得2016年诺贝尔生理学奖的日本科学家大隅良典就说过："在大家都做的领域不是要争第一就是要快出成绩，但我对此不感兴趣。我喜欢观察谁都没有见过的现象。"大隅先生在没有助手的情况下，独自一人面对显微镜，正是这种精神促成他发现了细胞的自噬现象。不喜欢竞争，没有助手，但最后获得了诺贝尔奖，还有什么比这更能诠释精神的力量？但凡心浮气躁的人，要么压根就不会从事这么枯燥的工作，要么就是稍微取得一点点成绩就沾沾自喜。所以，浮躁的人，永远不会有大的作为，因为他总是被各种极端的情绪控制。

要想成功，就不能急功近利，也不能被所谓的"速成"迷惑，更不能看不起小事。当然，最重要的还是，必须有务实的精神。当你把这些看似与时间、效率相悖的事情都做完了之后，成功也就离你不远了。

情绪自控力

学会知足，收敛嫉妒心

在我们工作和生活中，难免会遇到不如意或者不如人的情况。出现这种情况，很多人都会表现出不高兴的神情。其实，这本是一种正常的心理反应，毕竟人都是有好胜心的，没有人甘拜下风。有时候，适度的嫉妒心能够让好强的人不断挑战自我，以更加积极的心态去面对工作和生活。从这一方面讲，嫉妒具有一定的积极意义，有利于人们主动改变自己。

然而，有些人在有了嫉妒心之后，往往会失去理智，做些丧心病狂的事情。这就属于典型的嫉妒心过重。一个嫉妒心过重的人，通常会产生"只允许我比你好，不允许你比我强"的心理。这种心理如果不加控制，就很有可能让当事人走上犯罪的道路。而且在现实生活中，确实有很多凶杀案都是由嫉妒心引起的。

　　2013年，纽约发生了一场震惊全国的华裔灭门案：37岁的华裔女性李巧珍（音）和她的4个孩子在家中被人杀害，而嫌疑人竟是该女子丈夫的表弟。后来，纽约警方经过盘问之后才发现，原来嫌疑人残杀亲属的动机竟是"嫉妒他们过得好"。另外，根据警方透露的信息，嫌疑人在审讯中还说："自从到这个国家，所有人都过得比我好。"

　　嫉妒心是人性中的恶性肿瘤，不但会腐蚀人的思想、情感，还会扭曲人的心理。一个人在看到别人比自己强，比自己过得好之后，如果不懂得调整自己的心态，就会陷入深深的恐惧之中。重要的是，他的内心世界在经过内心的折磨之后，会变得越来越阴暗，灵魂也会变得越来越龌龊。因此，嫉妒心不管是发生在自己身上，还是别人身上，都应该时刻保持警惕。

　　时下，有一句非常流行的话叫"羡慕、嫉妒、恨"。虽然人们很少拿这句话发泄情绪，而且多半是调侃身边比较亲近的朋友，但是羡慕、嫉妒、恨的关系确实就像它本身所呈现的样子。羡慕不加控制就会生出嫉妒，嫉妒不加控制就会生出恨。

　　日本哲学家阿部次郎曾经在《人格主义》中讲道："什么是嫉妒？就是对于别人的价值伴随着憎恶的羡慕。"歌德说的似乎更加透彻："憎恨是积极的不快，嫉妒是消极的不快。所以嫉妒能够转化为憎恨就不足为奇了。"通过这两位名家的观点，我们不难看出，嫉妒和恨其实只有一步之遥。

　　除了恨之外，嫉妒还会导致人的另外一种极端的行为，就是报复。在嫉妒心重的人看来，没有比他人的不幸更能令他快乐的事情了，也没什么事情比他人的幸福更令他们不安了。上面讲到的那个纽约灭门案，其实根源就是凶手存在报复心理，因为正如凶手所说，他的表嫂曾经骂他，还让他"滚出去"。

"恨"是报复的源头。一个因妒生恨的人容忍不了别人比自己强，也不愿意面对现实，只懂得将恨意转化为报复。嫉妒心理固然属于正常心理，但这并不意味着我们要坐视它发展壮大，演化为恨意，并做出各种报复行动。我们应该把嫉妒限制在一定的合理范围之内，既不屏蔽它的作用，也不助长它的弊端。那么，该如何防范自己的嫉妒心理呢？下面几种方法值得参考。

正确认识竞争

很多人认为，竞争就是你死我活的争斗，是胜王败寇的角逐。事实上，这是对竞争的错误解读。在这种错误解读的基础上，很容易滋生嫉妒心理。要知道，别人的成功并不意味着自己的失败，而且即便是失败，也只是一时的。老话说："三十年河东，三十年河西。"不到最后一刻，一切皆有可能。一旦对竞争有了正确的认识之后，人们就能够心平气和地做事，而不计较一时半会的得失。

学会正确比较

嫉妒心是建立在比较的基础之上的，也就是说，没有比较，就不存在嫉妒。当然，如果不与他人比较，我们就如同井底之蛙，容易滋生自满情绪。所以，重点不是要不要去和他人比较，而是如何正确地比较。我们每个人都有自己的长项，也有自己的弱点，有些人不分青红皂白地拿自己的弱点与他人的强项作比较，结果肯定是生一肚子气。所以，聪明的人拿自己的长处与对方的弱点作比较。或许有人认为，这种比较会有点虚，但要知道，比较是次要的，重要的是给自己打气，不至于因为自卑而产生嫉妒。

分清虚实，克服虚荣心

所谓虚荣，主要指的是盲目攀比，好大喜功，过分看重别人的评价，自我表现欲太强，有强烈的嫉妒心等。客观来讲，我们每个人都多多少少有点虚荣心。只要虚荣心不过度，就不会影响我们正常的人际关系。相反，如果虚荣心太过旺盛，就是一种性格缺陷，它不仅会影响我们的人际关系，还会让我们的情绪变得喜怒无常。

爱慕虚荣常常会使自己陷入难堪之中，因为虚荣掺杂了太多的诱惑，它就像无底洞一样，吞噬着一个人的真实自我。

说到虚荣，很多人都会不由自主地想到19世纪法国著名短篇小说家莫泊桑在其代表作《项链》中讲到的那个故事。玛蒂尔德是一位漂亮的女子，嫁给了一个普通的小职员。虽然地位低下，但她迷恋豪华的贵族生活。有一次，为了出席一场在部长家举行的盛大晚会，马蒂尔德用丈夫积攒的400法郎做了一件礼服，还从好友那里借来一串美丽的项链。晚会上，玛蒂尔德因卓越的风姿和时尚的装扮出尽了风头，虚荣心也得到了充分的满足。可最后，乐极生悲，她竟然把从朋友那里借来的项链弄丢了。为了不让好友察觉，她偷偷地买了一条一模一样的项链还给了好友。不过，为了买这条项链，马蒂尔德和丈夫可谓倾其所有家产，还借了外债。最后，夫妇俩不得不节衣缩食，来偿还他们为此而欠下的债务。在这种艰苦的日子里，玛蒂尔德的手变得粗糙了，容颜也衰老了。后来，她偶然向朋友提起这件事时，才得知，原来她当初丢失的那条项链不过是一条价格低廉的假钻石项链，而她赔偿的却是一条真钻石项链。就这样，因为一时的虚荣，玛蒂尔德白白辛苦了10年。

人之所以会产生虚荣心理，有着多方面的原因，比如贪图别人的赞美，渴望他人的认同等，不过最主要的还是名声和权势的诱惑。如果虚荣心在适度的范围内，那么它就是正面的，因为它有助于人们上进。不过，一旦虚荣心超过了一定的限度，人们就会迷恋虚妄的名声，贪图不属于自己的权力。正如东汉哲学家王符说过的一句话："德不胜其任，其祸必酷；能不称其位，其殃必大。"通常情况下，一个虚荣心旺盛的人，往往会在道德上给自己降低标准，而且还会乱用自己的权力。这些人即便获得了自己想要的名声，也难以持久，而且还有可能让自己从权力的宝座上面摔下来。

在成功的道路上，如果，把某种名声强加在自己身上，就会制造难堪。比如，得到了乐善好施的名声，却没有足够的资金做慈善，结果打肿脸充胖子，最后连生计都成了问题；得到了专家的称号，却遇到了自己无法解决的问题，结果不懂装懂，最后反而把问题越弄越大。所以，要想维持名声，还需要经得起检验。

一个能够正确对待名声的人，不仅要经得起检验，而且要分清什么是虚名，什么是真正的名声。因为唯有这样，他们才可以保持本色，不为名声所累。

在成功的道路上，名声和权势都是我们能力的体现，也是人生不可回避的标签。有了好名声，我们能结交更多的朋友；有了更大的权势，我们可以调动更多的资源。名声和权势本身没有真假、对错之分，但人们对它们的认识却有真假之分，人们追求它们的方式也有对错之别。虚妄的名声、权势势必会导致焦虑的情绪，进而引发错误的行为。所以，想要控制自己的情绪，就应该克服自己的虚荣心，具体做法就是分清那些对自己充满诱惑的东西对自己而言究竟是虚是实。

话虽如此，在现实生活中依然有很多人在虚实之间迷茫。或许他们本质上不愿意虚荣，但他们的行为在别人眼里却和虚荣无异。所以，要想提升自己辨别虚实的能力，还需要在以下几个方面提升自己。

加强自身修养

战国时期的诗人屈原说过这样一句话："善不由外来今，名不可虚作。"在遏制虚荣方面，没有比良好的内心修养和高尚的情操更强有力的武器。毕竟相对于外在的诱惑而言，内心修养的提升才是治本之策。这也是纵观古今中外，但凡有点修养和情操的名人都能够有效控制自己虚荣心的原因。

客观认识自己

很多情绪问题的产生都源于我们没有对自己有一个客观的认识。比如高估自己，就会产生自满；低估自己，就会产生自卑；不知道如何评价自己，就会产生焦虑。如果我们能客观地认识自己，那么即使自己真的不如他人，也不会心理失落，更不会因为被人看不起而心理失衡。

不为别人而活

虚荣的一个主要特点就是在意别人的看法，而且一言一行似乎都是在展示给别人看。其实，这就属于典型的为别人而活。事实证明，如果一个人过分重视他人对自己的评价，就会迷失自我。而且他的动力、精神都会严重依赖他人。如果获得肯定、积极的评价，他们就精神振奋，干劲十足。一旦得到否定、消极的评价，他们便垂头丧气，觉得自己一无是处，没脸见人。

端正价值观与人生观

现代社会很多人都属于拜金主义、享乐主义。在这种价值观的主导下，人们自然变得虚伪、虚荣。有时候，他们表面光鲜，但私下里通常会因为膨胀的欲望无法满足而导致内心极度痛苦。所以，必须把对自身价值的定位建立在社会责任感上，正确理解权力、地位、荣誉的内涵和人格自尊的真实意义。

提升自控力，做自己情绪的心理医生

在竞争日趋激烈、生活节奏不断加快的今天，人难免会遇到很多情绪上的问题，比如焦虑、抑郁、自卑等。很多人在网上搜索这些关键词，发现这些情绪分别对应心理上的某类疾病，需要治疗。我们自然不排除有些情绪的确符合心理疾病的标准，但是，大多数人的大部分情绪其实都可以通过自我治疗而痊愈，根本不用吃药、看心理医生。当然，自我治疗的前提是，你对自己的情绪有所了解。如果对情绪不了解，盲目坚信自己可以扛过去，到最后只能在负面情绪的泥潭里越陷越深。

当然，认识情绪的目的是为了更好地控制自己的情绪。虽然本书已经就情绪控制力做了一个较为全面的介绍，但是更多的是着眼于思维、方法方面的细节。另外，情绪是一个可以从多个角度展开的话题，因此提升情绪自控力也可以有不同的侧重点。如果说全书是一本"情绪宝典"，那么在结尾的部分作为"小灶"提供一些"速成秘籍"还是很有必要的。下面便是几种常用的、高效的提升自控力的方法。有时候来不及消化书中的知识，仅凭下面几条，也可以轻易化解负面情绪带来的弊端。

转移法

当你感觉怒气上涌时，可以有意识地转移话题或做点别的事情来分散注意力。另外，如果已经发怒了，那么在余怒未消的时候，也可以通过看电影、听音乐、下棋、散步等有意义的轻松活动，使紧张情绪松弛下来。

宣泄法

人在生活中难免会产生各种不良情绪，如果不采取适当的方法加以宣泄和调节，对身心就会产生消极影响。因此，如果一个人有不愉快的事情及委屈，不要压在心里，而要向知心朋友和亲人说出来或大哭一场。这种发泄可以释放积于内心的郁积，对人的身心发展是有利的。当然，发泄的对象、地点、场合和方法要适当，避免伤害他人。

自慰法

当一个人追求某件事情而得不到时，为了减少内心的失望，常为失败找一个冠冕堂皇的理由，用以安慰自己，就像狐狸吃不到葡萄说葡萄酸的童话一样。因此，我们称之为"酸葡萄心理"。

自我暗示法

如果估计到某些场合下可能会产生某种紧张情绪，不妨先为自己寻找几条不应产生这种情绪的有力理由。

愉快记忆法

回忆过去碰到的高兴事，或获得成功时的愉快体验，特别是回忆那些与眼前不愉快体验相关的过去的愉快体验。

环境转换法

处在剧烈情绪状态时，暂时离开激起情绪的环境和有关人、物。

幽默化解法

培养幽默感，用寓意深长的语言、表情或动作，用讽刺的手法机智、巧妙地表达自己的情绪。

提升自控力的方法还有很多，重要的不是我们能否把这些方法都掌握住，而是当负面情绪降临时，我们能否用一招最适合自己的方式把所有的负面情绪打败。只要把适合自己的绝招练熟了，何时何地都可以成为自己的心理医生。